効果的な「組み合わせ」がわかる

化粧品成分事典

監修‥久光一誠

Dictionary of beauty ingredients

池田書店

\ 注目の /
実力派成分
BEST 3

化粧品には、たくさんの成分が使われています。その中でも、特に実力があるのが「ニールワン」「ライスパワー」「シカ」の3つの成分です。これらの成分にどのような効能効果があるのか、解説します！

＼ 注目度 ／
No.1

日本で初の抗シワ有効成分。実にエポックメイキングな成分です！

＼ 注目度 ／
No.2

米に対する安心感は絶対的。ライスパワーというネーミングもうまい！

＼ 注目度 ／
No.3

韓国コスメブームに乗って話題沸騰！シンデレラストーリーを地で行く成分

人類の悲願を達成した新星

ニールワン

⇒ P.106〜107

< 成分名 >

三フッ化イソプロピルオキソプロピルアミノカルボニルピロリジンカルボニルメチルプロピルアミノカルボニルベンゾイルアミノ酢酸Na（部外品成分名）

唯一絶対の抗シワ成分

　日本の化粧品業界にとって、シワを改善する成分を発見し、厚生労働省の承認を得ることは長年の悲願でした。その悲願を達成したのが、ポーラ。開発された成分はニールワンです。その後、レチノールやナイアシンアミドも抗シワ有効成分の認可を得ていますが、これらは化粧品や医薬部外品として、もともとほかの目的で使われていた成分。シワ改善を目的として開発されたまったくの新規成分は、ニールワンが承認されて以降、いまだ現れていません（2021年時点）。ニールワンは、その効能効果を含め、他の追随を許さないオンリーワンの成分といえるでしょう。

リンクルショット
メディカル セラム 20g
¥14,850（ポーラ）／ポーラが開発したシワ改善のパイオニア成分・ニールワンに加え、ハリとうるおいをサポートする成分や、角層をやわらかくしなやかに保つ成分を配合。

日本人のソウルフード・米の力が炸裂！

ライスパワー

⇒ P.79

< 成分名 >

米抽出液、ライスパワー No.11（部外品成分名）、ライスパワー No.6（部外品成分名）

日本の主食 " お米 " はコスメでも活躍！

　ライスパワーは、その名のとおり米由来の成分です。全部で12種類あり、ライスパワー（または米エキス）の名前のあとにそれぞれ数字が続きます。数字が違えば効能効果も異なり、例えばライスパワー No.6は皮脂分泌抑制の有効成分、ライスパワー No.11は皮膚水分保持能改善の有効成分の承認を得ています。米のもつイメージやストーリーも相まって根強い人気を誇っています。米由来の成分は今なお研究が盛んなので、今後も要注目です。

ONE BY KOSÉ
セラム ヴェール
（販売名：OBK 薬用美容液：）[医薬部外品]
60mL¥5,500（コーセー）／ライスパワー No.11の「肌の水分保持能を改善する」はたらきが、角層のすみずみにまでしっかり届き、うるおいのある肌へ。

韓国から火がついた、肌荒れケア成分

シカ

< 成分名 >

ツボクサエキス、ツボクサ葉／茎エキス

マスク着用による肌荒れがブームを後押し

　若い世代に、「韓国コスメ」が人気です。中でもブームとなっているのが「シカ」を配合したシカクリームです。シカ（CICA）は、セリ科植物のツボクサの葉および茎から抽出されるエキスで、肌荒れをケアし、うるおいを保つ効果があるとされています。実は、シカは新しい成分ではありません。日本では「ツボクサエキス」といい、ニキビや肌荒れケアを目的とした製品に古くから使われてきました。韓国でのブームと、マスク着用による肌荒れを気にする人が増えたことで一躍脚光を浴びたシカは、シンデレラストーリーを地で行く成分といえます。

**CICA method CREAM
[医薬部外品]**
50g¥1,650（コジット）／
敏感肌、刺激を受けやすい
肌に。美容大国・韓国で広
く愛されるシカクリームの
成分"ツボクサエキス"に、
古来日本で使われてきた植
物成分を配合。

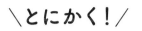

＼とにかく！／
うるおう成分
Best **3**

スキンケアの最大の目的は、肌にうるおいを与えることといっても過言ではありません。そこでここでは、水分や油分を補う、水分や油分を逃がさない、肌のバリア機能を高めるなどのアプローチで肌にうるおいを与えてくれる、おすすめの成分を3つご紹介します。

安定の実力

鉄板

ダークホース

No.
2
マカデミア
種子油

No.
1
グリセリン

No.
3
セラミド類

ヒトの肌との
親和性が抜群！
しっかりなじんで
乾燥から守ります

目立たなくても、
誰もが実力を認める
〝鉄板〟の成分です

水性成分、
油性成分に並ぶ
スキンケア成分として
注目されています

これがなくちゃはじまらない！隠れた実力者

グリセリン

⇒ P.70-71

＜ 成分名 ＞

グリセリン、濃グリセリン

効能効果・使いやすさ・コスパの３拍子がそろう

　水分の過剰な蒸発を防ぎ、保湿する作用をもつ成分はたくさんありますが、グリセリンのように、高い水分保持機能・使いやすさ（たくさん配合しても使用感に影響が出にくい）・高い安全性・コストパフォーマンスの良さを備えた成分はそうありません。保湿が重要なスキンケア化粧品に"鉄板"の成分といえるでしょう。実際、国内の化粧水の約９割にグリセリンが配合されています。ただ、あまりに多くの製品に使われているため「他社にない特徴」のような訴求力はないので、なかなか日の目を見ない成分でもあります。

シュシュモア ホットクレンジングジェル
200g¥1,650（桃谷順天館ジュネフォース事業部）／体感＋５℃の温かいジェルが毛穴の奥までジワッと浸透します。汚れやメイクを浮き上がらせて、しっとりと洗い上げます。

ヒトの肌の脂とよく似た、植物オイル

マカデミア種子油

⇒ P.79

< 成分名 >

マカデミアナッツ油、マカデミア種子油

ヒトの肌の脂と構造が近く、肌なじみがいい

　その名のとおり、マカデミアナッツから得られる植物油（植物オイル）です。マカデミア種子油は、化粧品に使われる油性成分のうち「油脂」に分類されます。代表的な油脂にはオリーブ果実油、ツバキ種子油、ヤシ油、コメヌカ油、馬油などがあり、いずれも肌なじみが良いのが特徴です。その中でもマカデミア種子油は、ヒトの皮脂を構成している油脂と構造が近く、肌との親和性が抜群。加えて、入手もしやすいことから、化粧品に非常によく使われる成分です。乾燥対策など皮脂のはたらきを補いたい人の、強い味方になってくれることでしょう。

安定の実力

精製マカデミアナッツオイル
20ml ¥1,320（チューンメーカーズ）／乾燥によるカサつきがちな肌に。リッチなオイルがうるおいを閉じ込め、逃しません。ほかの成分との組み合わせもいろいろと楽しめます。

皮膚科学が見出した、美肌の守護神

セラミド類

⇒ P.128-129

< 成分名 >

セラミド AG、セラミド AP、セラミド EOP、セラミド NG など

角層に存在し、肌のバリア機能としてはたらく

　美しく健康的な肌は、水分と油分のバランスが取れています。化粧品成分において、そのバランスを保つ役目を担うのが水性成分と油性成分。さらに近年、皮膚科学の発展により、水性成分、油性成分に次ぐスキンケア成分としてセラミド類に注目が集まっています。セラミド類はヒトの皮膚にも存在する成分で、肌のバリア機能の要です。肌のバリア機能がしっかりとはたらいていれば、水分と油分のバランスも崩れにくくなります。そのため、よく似た類似成分や擬似成分も含めて、さまざまなセラミド類が開発されています。

ダークホース

薬用アクアコラーゲンゲル
スーパーセンシティブ EX[医薬部外品]
120g¥8,580（ドクターシーラボ）／5種のセラミドが肌本来のバリア機能を補い、マスク生活で生じやすい肌トラブルを防ぎます。

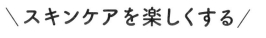

＼スキンケアを楽しくする／
縁の下の力持ち成分
Best 3

　化粧品成分は機能効果に目が行きがちですが、使ったときに「感触が心地いい」「これを使えばきれいになれそう」といったポジティブな気持ちをもてることも大切です。そこで、このコーナーでは、化粧品の使用感やイメージを支えるベース成分をご紹介します。

（とろみ）

No. **2**

キサンタンガム

糸を引くような高級感のあるとろみ。その正体がキサンタンガムです

（ハリ感）

No. **1**

PEG類

ピンとハリが出たような感じ。それはPEG類のおかげです！

（ぷるぷる）

No. **3**

カルボマー類

ほしかったゼリーのようなぷるぷる感を生み出します

（ハリ感）

使用後のハリ感を演出する“名脇役”

PEG類
⇒ P.78

< 成分名 >

PEG-6（ポリエチレングリコール 300）、PEG-8（ポリエチレングリコール 400）、PEG-400（ポリエチレングリコール 20000）、PEG-90M（高重合ポリエチレングリコール）

ハリ感をコントロールする

　エチレングリコールという、分子がひも状に多数つながっている成分で、成分名のあとに続く数字は分子の長さを表しています。スキンケア化粧品を使ったあとの、ピンとハリが出るような感覚を好む人は多いと思いますが、そうした使用感はPEGによるところが大きいのです。ちなみに、どのPEGをどう組み合わせるかは化粧品メーカーの腕の見せどころ。数字をチェックして使用感を比べてみるのも楽しいかもしれません。成分名の数字が大きいものはとろみも大きいので、洗顔料に配合して泡の質感を良くするのにも使われます。

INFINITY
KOSÉ

Treatment Wash
Traitement Nettoyant

インフィニティ
トリートメント ウォッシュ
120g¥3,300（コーセー）／弾力のあるもっちりとした泡が肌をやさしく包み込む洗顔料。肌に必要なうるおいを残し、なめらかな仕上がり。

11

⇒ P.178

とろみ

スキンケアのひとときをリッチに格上げ

キサンタンガム

< 成分名 >

キサンタンガム

糸を引くような、流動性のあるとろみが特徴

　水のようにサラッとした感触より、とろみのある感触。後者に、より高級感を覚える人は多いはず。とろみは、化粧品のテクスチャーだけでなく、イメージをも左右する重要な要素なのです。そして、そのとろみを出すのに欠かせない成分が増粘剤です。増粘剤にはいくつかの種類があり、キサンタンガムもその1つ。配合すると、糸を引くようなとろみが出ます。食品ではドレッシング、コーンポタージュ、あんかけの"あん"などにも使われているので、イメージしやすいのではないでしょうか。

HADAHUG
保湿ローション
250mL¥1,760（松山油脂）／皮脂とよく似たホホバ油・スクワラン・シア脂をバランス良く配合した乳液。乾燥や外的刺激から乳幼児の肌を保護します。

絶妙な"ぷるぷる感"を楽しみたい！

カルボマー類

⇒ P.178

< 成分名 >

カルボマー、カルボマー K、カルボマー Na、カルボキシビニルポリマー（部外品成分名）

ゼリー状のぷるぷるとした感触を付与する

　キサンタンガムと同じ増粘剤です。キサンタンガムとカルボマーとでは、とろみの出方に違いがあります。配合量にもよりますが、キサンタンガムは容器を傾けると流動するのに対して、カルボマー類はゼリー状に固まります。ゼリー状のサクッとした切れ味のある感触が好みの人は、カルボマー類が多く配合された製品を選ぶといいでしょう。ちなみに、カルボマー類は塩分に弱く、汗をかいた肌にのせると、とろみが失われます。それを逆手に取り、「肌の上ですーっと溶けてなじむ」とアピールしている製品もあります。

**DET クリア ブライト&ピール
ピーリングジェリー
〈ミックスフルーツの香り〉**
180mL¥1,320（明色化粧品）
／濡れた手でも使える肌に優しいピーリングジェリー。化粧水が浸透しやすい肌へ。

肌タイプ診断

セルフチェック

最近1〜2週間の肌状態を振り返って、各項目をチェックしましょう。ドライ度とオイリー度の該当項目数を記入して、右ページのマトリックス表に反映します。

ドライ度Check!

該当する○

Q1 ● 日中、肌がつっぱることがある？

Q2 ● 口や目のまわりがカサカサしやすい？

ドライ度
（該当項目数）

Q3 ● 肌荒れをおこしやすい？

Q4 ● 化粧のりが悪く粉っぽく仕上がる？

Q5 ● 肌のキメはとても細かいと思う？

オイリー度Check!

該当する○

Q1 ● 日中、肌のテカリが気になる？

Q2 ● あぶらとり紙をよく使用する？

オイリー度
（該当項目数）

Q3 ● 化粧崩れは、化粧が消えたり沈んだりする？

Q4 ● 頬の毛穴が大きく目立つと思う？

Q5 ● 額や頬にニキビができやすい？

肌タイプ診断

〔 マトリックス表 〕

		ドライ度					
		0	1	2	3	4	5
オイリー度	0	普通肌			乾燥肌		
	1						
	2						
	3	脂性肌			混合肌		
	4						
	5						

P.14の結果をこのマトリックス表に入れましょう

自分に合った成分は？ →

15

敏感肌診断

採点

敏感肌？と
思ったら

> ある ＝ 1 点
> ない ＝ 0 点
> どちらともいえない ＝ 0.5 点

Q.2の点数は2倍、Q.4、Q.5は3倍にして、合計点数をチェック。

Q1 ● 日中、肌がつっぱることがよくある？

Q2 ● 口や目のまわりがカサカサすることがある？

Q3 ● 肌荒れをおこすことがある？

Q4 ● 化粧品をつけたあとで、
ピリピリと痛みを感じることがある？

Q5 ● 化粧品をつけたあとで、
かゆみを感じることがある？

Q6 ● 化粧品をつけたあとで、
肌が赤くなることがある？

0～1点の人の肌はすこやかな状態。引き続きていねいなスキンケアを心がけましょう。1.5～5点の人は敏感肌予備軍です。季節の変わり目やストレス、ホルモンバランスなどの影響で敏感になることも。5.5～11点の人はとてもデリケートな敏感肌。トラブルが続く場合は、皮膚科を受診しましょう。

合計

点

敏感肌
おすすめ成分

< 成分名 >

グリチルリチン酸 2K
(→ P.154参照)

グリチルレチン酸ステアリル
(→ P.155参照)

アラントイン
(→ P.152参照)

どんなときに「敏感肌」に？ まずは原因を見極めよう

「敏感肌」には、皮膚科学における明確な定義がなく、原因もさまざまです。化粧品に含まれたエタノールなど、何らかの成分が刺激になるケースもあれば、紫外線に過敏な場合もあります。ストレスやホルモンバランスの影響も考えられます。まずは原因を見つけ出して、その成分や環境を避けたり、影響を和らげたりする対策が正解です。そのうえで、かゆみや炎症を感じる場合は抗炎症成分（グリチルリチン酸2K、アラントインなど）で対処したり、保湿成分を見直したりしてみましょう。症状がひどい場合は皮膚科に相談してください。

アレルギーと美容成分

　春になるとスギやヒノキの花粉症を訴える人が少なくありません。花粉以外にも、卵や乳製品、ソバ、金属など、特定の物質にアレルギーをもつ人もいるでしょう。これは、美容成分についても同様です。

　そもそもアレルギーとは、体の免疫システムがその成分を異物だと認識して、赤みやかゆみ、湿疹、じんましんなどを引き起こす症状です。一度でも異物と判断された成分に対しては、つねにアレルギー反応が起きてしまいます。ですから、特定の美容成分にアレルギーをもつ場合は、購入する前に化粧品の全成分表示をチェックし、自分がアレルギーを起こす成分が入っていないかを確かめることがとても重要です。原因となる成分が気になる人は、トラブルが起きたアイテムをもって皮膚科を受診し、「パッチテスト（→P.18参照）」を受けることも解決方法の1つ。そもそもその化粧品が原因かどうか、また、その化粧品に含まれる「どの成分」が肌に合わなかったのかを、判断できる場合があります。

肌質にあった成分を知りたい

まずは、あなたの肌質をチェックしましょう

　肌質は十人十色。カサカサしたり、テカッたり——あなたの肌質はいかがですか？　なんとなく自己判断する人もいれば、コスメカウンターやAI診断を利用する人もいるでしょう。

　どんな方法であれ、判断のポイントは2つ。肌のいちばん外側、角層の保湿力と皮脂の量です。これらの軸により、皮脂量は普通から少なめで保湿力のある「普通肌」と皮脂量が少なく保湿力も低い「乾燥肌」、皮脂量が多く保湿力も高い「脂性肌」、皮脂量が多く保湿力が低い「混合肌」の4つの肌質に分けられます。ちなみに「敏感肌」はどの肌質でもおこりえます。

パッチテスト

　化粧品にかぶれやすい人は、顔に使う前にセルフパッチテストを。サンプルを腕の内側に少量（500円玉大）塗って1日程度おき、赤みが出ないかをチェックしましょう。ちなみに、本来パッチテストとは、皮膚科で行うかぶれ・アレルギー検査のこと。化粧品や薬剤などを専用の絆創膏で肌に貼り、約48時間後の反応を診断します。

AI診断

　スマホで肌を撮影して肌の水分量や皮脂量、毛穴の状態などを分析し、キメ年齢などを調べてくれるAI診断。測定結果にあわせたおすすめアイテムや、肌にあうスキンケア方法まで教えてくれるシステムも。ただし、結果は診断時の体調や環境にも左右されるため、1回きりで肌質を断定せず、何度か行いましょう。

化粧品設計の世界を
のぞいてみよう

多くの化粧品でベース成分が70～90％を占める

　化粧品の基本は、水（水性成分）、油（油性成分）、界面活性剤の3つの成分です。水性成分は水に溶けやすい成分、油性成分は油に溶けやすい成分、界面活性剤は水と油を混ざった状態にする成分です。この3つを「ベース成分」といい、化粧品の70 ～ 90％はベース成分です。これは、スキンケア化粧品でもメイクアップ化粧品でも変わりません。

　それでも、ベース成分に何を用い、その他の10 ～ 30％の部分に何を配合するかで特徴がガラリと変わります。ここが化粧品処方の面白いところです。

［ 基剤 ］

＼　ここに企画者の思いが詰まっている!!　／

機能性成分・有効成分

美白や抗炎症、エイジングケアなどの効能効果を発揮したり、化粧品そのものの魅力を高めたりする成分。「肌をきれいに」「美白効果を感じて」など企画者の思いが込められます。

＼　ここがいわゆる「ベース成分」　／

水・油・界面活性剤

⇒ P.164～165、P.168～169 参照

＼　テクスチャーはここ!!　／

その他の成分

増粘剤のように感触や安定性を左右する成分や、香料や着色剤のように香りや色で化粧品の魅力を向上させる成分、防腐剤、酸化防止剤、pH調整剤のように品質保持に欠かせない成分などがここに分類されます。

薬用化粧水を設計してみよう

THEME
テーマ

有効成分について学ぶ

割合はわずかだが、製品の"要"となる

薬用化粧品などの医薬部外品は「シミを防ぐ」「ニキビを防ぐ」「シワを改善する」など、化粧品とは異なる効能効果を発揮する特定の成分を配合してつくられます。この成分を「有効成分」といいます。有効成分が化粧水に占める割合はわずかですが、どの成分を選び、どう組み合わせるかは、薬用化粧水を処方するうえでの"要"です。また、有効成分は配合量が規定されているため、足りないのはもちろん、多くてもダメだということを認識し、配合量には注意する必要があります。また、医薬部外品の製造販売には厚生労働省への申請・承認が必要です。

設計の流れ

STEP 1

有効成分を選ぶ

訴求したい効能効果（美白、ニキビケア、抗シワなど）にあわせて水溶性が高い有効成分を選び、組み合わせを考えます。例えば、美白効果を謳う化粧水には、日焼け後のほてりなどを抑える抗炎症作用のある成分も一緒に配合されることが少なくありません。

STEP 2

まずは、薬用化粧水を設計してみましょう。医薬部外品には有効成分が必要です。この有効成分に、化粧品企画者の思いが込められています（→P.19参照）。また、化粧水のベースはなんといっても"水"。そして化粧品の最大の目的である"保湿"の要素も大切です。

THEME
テーマ

水性成分について知る

限られた選択肢でのやりくりに四苦八苦

　化粧水は、水をベースにしていて基本的に油を使わないため、配合することができるのは水に溶ける成分だけです。そのため、成分の選択肢が限られ、既存製品と似た設計になってしまう可能性が高く、どうすれば差別化できるのか、開発者が非常に悩む部分です。また、有効成分との相性もあり、なおかつテクスチャーにもかかわってくるため、設計を考えてはやり直す作業を繰り返すことになります。なお、化粧水によっては、微量の油性成分や、水性成分と油性成分を結びつける界面活性剤が配合されていることもあります。

水と保湿剤を決める

水性成分のメインは、うるおいを与える「水」と、うるおいを保つ「保湿剤」です。有効成分の効能効果を引き出す、あるいは、さまたげない成分を選んで配合量を決めます。ここで、化粧水としての大まかな"形"ができあがります。

STEP
3

浸透感やハリ感のチェック

浸透感やハリ感など、使ったときの"感覚"も化粧品の重要な要素です。「エイジングケアを目的とした化粧水だから、水のようにシャバシャバしたテクスチャーよりも、よりリッチなテクスチャーが良い」など、訴求したい効能効果に合った使用感になるよう調整します。

乳液を設計してみよう

乳化について学ぶ

水と油が混ざった状態をキープする

　乳液を設計する際、まず考えなければいけないのは「水中油型」にするのか、「油中水型」にするのか、です（→P.168参照）。水中油型は水の中に油が分散している状態、油中水型は油の中に水が分散している状態です。どちらを選ぶにしても、水と油は本来、混ざらないもの。混ざった状態（これをエマルジョンといいます）をキープするには、ミキサーのような乳化装置と界面活性剤（乳化剤）が欠かせません。特に乳液は分離しやすいため、乳液づくりには開発者の高いスキルと深い知見、豊かな経験が求められます。

設計の流れ

STEP 1
水中油型か油中水型かを決める

乳液やデイクリームは水中油型、ハンドクリームやナイトクリーム、日焼け止めは油中水型が一般的です。どちらのタイプか決まったら、水性成分、油性成分、機能性成分それぞれに、何を使うのかを決めます。

STEP 2
界面活性剤を決める

タイプと成分が決まったら、乳化に必要な界面活性剤を選びます。界面活性剤によって水・油とのなじみやすさが違い、タイプごとにどれを選ぶかは実はかなり難しい問題。組み合わせが悪いと失敗することも……！

STEP 3
乳化安定性を確かめる

1、2で決めた成分を、乳化装置を使って乳化させます。成分の組み合わせや乳化手順が悪いと乳化が安定しないので、成分を選び直したり手順の再検討をしたりします。処方が確定したら、使用感などを調整します。

洗顔フォームを設計してみよう

汚れを落とすしくみについて学ぶ

界面活性剤で汚れを包み込み、洗い流す

スキンケアで使われる洗浄料は「溶剤型」と「界面活性剤型」に大別できます。溶剤型は、メイク（油汚れ）を油で浮かして落とすタイプ。代表的なものにクレンジングオイルがあります。一方、界面活性剤型は、界面活性剤が顔の脂や汚れを包み込み、水とともに洗い流します。洗顔フォームは、水溶性が高い界面活性剤を水性成分と混ぜ、やわらかく水溶けを良くしたもので、界面活性剤型に分類されます。水を含まない固形石けんに比べ、いろいろな成分を溶かしておくことができるので、洗浄力、泡質、洗い上がり感などで好みに応じたバリエーションをつくりやすいのも特徴です。

設計の流れ

STEP 1

界面活性剤を選ぶ1

汚れを落とすための界面活性剤を選びます。洗顔フォームでは、アニオン界面活性剤（→P.169）がよく使われます。これは、アニオン界面活性剤の多くが水に対して非常によく溶け、洗顔後、サッと洗い流せるからです。

STEP 2

界面活性剤を選ぶ2

石けんをベースにするなら水に溶けやすい高級脂肪酸カリウム塩（カリ石ケン素地）を選びます。一方で、肌のpHと同じ弱酸性で洗顔したいという人のためには、N-アシルアミノ酸塩（アミノ酸系界面活性剤）を選びます。

STEP 3

泡質や使用感を決める

水にいろいろな成分を溶かしておくことで、洗浄力や泡質、洗顔後の使用感を調整できます。洗浄力は界面活性剤、泡質や感触はPEGやグリセリン、糖類などで調整が可能。アレンジの幅が広い分、設計の難度も高くなります。

Introduction

はじめに

石けん、ハンドソープ、シャンプー、日焼け止め、入浴料……化粧品は衣食住に次ぐ生活必需品です。衣に服飾学や被服学、食に栄養学や食品工学、住に建築学や都市環境学があるように、化粧品にも化粧品成分や化粧品設計が学問としてあるべきです。そして、多くの学問が平易な形で消費者へ提供されるように化粧品成分や化粧品設計もそうあってほしいものです。

　しかし、学問から派生する正しい知識は、ほとんどが難解なうえ、わかったところで驚くような事実があるわけでなく、良い成分・悪い成分のような二元論に帰することもありません。対して、自称専門家が発する単純でわかりやすい断言口調の（でも間違っている）知識は、消費者ウケし、メディアでも重宝されるのが現実です。

　（世の中、そんなものだろう）と斜にかまえていたのですが、今般、池田書店様から化粧品成分の解説本を出したいというお声がけをいただきました。自称専門家に声かければ楽に売れる本になるだろうに……とも思ったのですが、志を一とする岡部美代治氏のご協力を得て、化粧品成分、化粧品設計、皮膚科学についてわかりやすく、できる限り正しい解説を心がけた一冊に仕上がりました。

　出版社、プランナー、ライター、イラストレーター、ご協力いただいた化粧品各社様ほか、ご尽力いただいた多くの方々に御礼申し上げます。

久光一誠

How to use
本書の使い方

本書は、序章＋３章の全４章構成になっています。
巻末に、成分名索引つき。

序章　　オールカラー

実力のある成分や楽しんで使うための成
分など、おすすめの化粧品成分をフィー
チャー。自分の肌質を診断するコーナー
も設けています。また、なかなか知るこ
とのできない化粧品処方、設計の世界にご
案内。これまで以上に化粧品に興味をもっ
ていただける内容です。

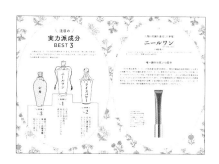

１章　　化粧品と成分の基本

化粧品と成分の基礎知識をまとめました。
特に表示に関してはルールがあるため、わ
かりやすいように説明しています。どういう
はたらきを求めて特定の成分が使われて
いるのか、理解できるようになることを目
指します。

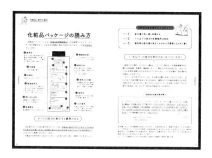

２章　　化粧品ごとの一般的な成分構造

化粧品のアイテムごとの、成分構造につ
いて説明しています。化粧水が、乳液が、
クリームが、大枠では何でできているのか。
成分割合を示したグラフや成分表示例な
どもあわせて掲載。パッと見てイメージを
つかんでいただける構成になっています。

3章　化粧品成分事典

本書の基幹、化粧品成分の事典です。特徴や選びかた、強み／弱みのほか、おすすめの組み合わせ例や、読む美容液・コラムなど盛りだくさんの内容になっています。お手持ちの化粧品を理解するために、ご活用ください。

見出し／表示名

よく使われている成分の名称（愛称）と、表示名を列挙しています。

アイコンその他

成分を表すイメージイラスト／美容成分・有効成分（承認年）のチェックボックス・医薬部外品の別／当該カテゴリ以外の訴求効果／配合アイテム例をアイコンその他で表示しています。

強み／弱み

成分の強みと弱みを紹介。選ぶときの参考になります。

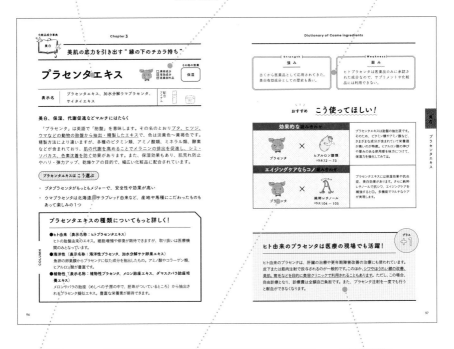

選びかた

成分の特徴をまとめています。

組み合わせ／Q&A ／コラム／化粧品紹介

おすすめの原液どうしの組み合わせや美容に関するQ&A、データから読み解ける美容情報、成分の入った化粧品などを紹介しています。

プラス1

成分のこぼれ話。成分を、もっと身近に感じられる情報が満載です。

目次 | TABLE OF CONTENTS

注目の実力派成分 Best3　2

ニールワン　3 ／ ライスパワー　4 ／ シカ　5

とにかく！うるおう成分 Best3　6

グリセリン　7 ／ マカデミア種子油　8 ／ セラミド類　9

スキンケアを楽しくする縁の下の力持ち成分 Best3　10

PEG類　11 ／ キサンタンガム　12 ／ カルボマー類　13

肌タイプ診断　セルフチェック　14

　　　　　　　マトリックス表　15

敏感肌診断　採点　16

敏感肌　おすすめ成分　17

TOPIC 1　肌質にあった成分を知りたい　18

TOPIC 2　化粧品設計の世界をのぞいてみよう　19

薬用化粧水を設計してみよう　20

乳液を設計してみよう　22

洗顔フォームを設計してみよう　23

はじめに 24

本書の使い方 26

1章 化粧品と成分の基本 33

化粧品の区分と種類 34

化粧品パッケージの読み方 36

医薬部外品 成分表示のルール 38

代表的な成分名とその特徴 40

ポジティブリストとネガティブリスト 42

化粧品成分用語集 43

注意したい成分ってあるの？ 46

2章 化粧品ごとの 一般的な成分構造 49

洗顔石けん、洗顔フォーム 50

クレンジング 52

化粧水 54

乳液 56

クリーム 58

オイル 60

日焼け止め、化粧下地 62

シャンプー、コンディショナー 64

COLUMN ブースター 66

3章 化粧品成分事典 67

保湿 68

グリセリン 70 ／ ヒアルロン酸類 72 ／ コラーゲン類 74 ／ ミネラルオイル 75 ／ スクワラン 76 ／ DPG 78 ／ アミノ酸 78 ／ プロテオグリカン 78 ／ PEG類 78 ／ ライスパワー 79 ／ BG 79 ／ 糖類 79 ／ マカデミア種子油 79

美白 80

アルブチン 82 ／ コウジ酸 84 ／ カミツレエキス 86 ／ ビタミンC誘導体 88 ／ VCエチル 90 ／ ビスグリセリルアスコルビン酸 91 ／ リン酸L-アスコルビルマグネシウム 92 ／ L-アスコルビン酸2-グルコシド 94 ／ テトラ2-ヘキシルデカン酸アスコルビルEX 95 ／ プラセンタエキス 96 ／ トラネキサム酸 98 ／ エラグ酸 99 ／ ルシノール 100 ／ マグワ根皮 100 ／ コケモモ果実エキス 100 ／ リノール酸 101 ／ 4MSK 101 ／ エナジーシグナルAMP 101

エイジングケア 102

純粋レチノール 104 ／ ニールワン 106 ／ リンクルナイアシン 108 ／ アルジルリン 109 ／ フラーレン 110 ／ 白金ナノコロイド 112 ／ コエンザイムQ10 114 ／ アスタキサンチン 116 ／ αリポ酸 118 ／ 幹細胞培養液 119 ／ エラスチン 120 ／ セイヨウオオバコ 120 ／ ビタミンE誘導体 120 ／ ゲットウ 121 ／ レンゲソウ 121 ／ 卵殻膜 121

肌荒れ改善 122

アミノ酪酸 124 ／ 塩化レボカルニチン 126 ／ セラミド類 128 ／ コメヌカスフィンゴ糖脂質 130 ／ セチルPGヒドロキシエチルパルミタミド 131

ニキビ・毛穴 132

グリコール酸 134 ／ 乳酸 136 ／ リンゴ酸 137 ／ サリチル酸 138 ／ プロテアーゼ 139 ／ ピリドキシンHCl 140 ／ ローヤルゼリー酸 142 ／ オリーブ葉エキス 144 ／ チョウジエキス 146 ／ ローズマリー葉エキス 147 ／ オウレン根エキス 148 ／ イオウ 150 ／ アラントイン 152 ／ グリチルリチン酸2K 154 ／ グリチルレチン酸ステアリル 155

紫外線防御成分 156

オキシベンゾン類 158 ／ メトキシケイヒ酸エチルヘキシル 160 ／ t-ブチルメトキシジベンゾイルメタン 161 ／ 酸化チタン 162 ／ 酸化亜鉛 163

ベース成分① 164
（水性成分・油性成分）

水 165 ／ エタノール 165 ／ 水性保湿剤 165 ／ 炭化水素 166 ／ 高級
脂肪酸 166 ／ 高級アルコール 166 ／ ロウ・ワックス 167 ／ 油脂 167
／ エステル油 167 ／ シリコーン 167

ベース成分② 168
（界面活性剤）

石ケン 170 ／ アミノ酸系界面活性剤 170 ／ 硫酸系界面活性剤 スルホ
ン酸系界面活性剤 171 ／ COLUMN 石けんは天然だから安全・安心は
本当？ 171 ／ カチオン界面活性剤① 172 ／ カチオン界面活性剤② 172
／ 両性界面活性剤 173 ／ COLUMN イオンのことを知っていますか？
173 ／ 非イオン界面活性剤① 174 ／ 非イオン界面活性剤② 174 ／ 界面
活性剤の種類 175

基剤その他の成分 176

防腐剤 176 ／ キレート剤 176 ／ 増粘剤 177 ／ PH調整剤 177 ／ 香料
177 ／ 酸化防止剤 177 ／ 水溶性増粘剤 178 ／ 油溶性増粘剤 178 ／
高分子乳化剤 179 ／ パラベン類 180 ／ フェノキシエタノール 180 ／ そ
の他防腐剤 180 ／ BHT 181 ／ トコフェロール 181 ／ EDTA塩類 182
／ エチドロン酸塩類 182 ／ アルカリ性剤 183 ／ 酸性剤 183

COLUMN 自分だけの化粧品をつくってみよう 184

成分名Index 186

1章

化粧品と成分の基本

毎日使っている「化粧品」とその成分について、どのくらい知っていますか?
ざっくりとおさらいしておきましょう。

化粧品の区分と種類

化粧品と医薬部外品、医薬品の違いって？

　スキンケア用品には「化粧品」と「医薬部外品」の2種類があります。化粧品[注1]とは、作用がおだやかで、肌や皮膚、爪を清潔にし、すこやかに保つために水分や油分を補ったり外的刺激から保護したりするもので、製品全体によってその効能を発揮するもの。

　一方、医薬部外品とは、特定の成分によって美白をはじめとする特定の効能効果を発揮するもので、人体に対する作用がおだやかなものです。特定の成分で特定の効能効果を発揮する医薬品と、人体に対する作用がおだやかで自由に使える化粧品の、中間的存在であるとも表現されます。

化粧品と医薬部外品 販売までの流れ

化粧品

化粧品製造販売業許可の取得 ⇒ 商品企画 ⇒ 開発・処方設計 ⇒

安定性試験実施 ⇒ 製造 ⇒ 化粧品製造販売届を都道府県に提出

⇒ 販売

医薬部外品

医薬部外品製造販売業許可の取得 ⇒ 商品企画 ⇒ 開発・処方設計 ⇒

安定性試験実施 ⇒ 製造 ⇒ 厚生労働省に医薬部外品製造販売承認申請 ⇒
（品目によっては都道府県に申請）

承認取得！ ⇒ 販売

注1）化粧品の効能の範囲は、昭和36年2月8日薬発第44号業務局長通知の別表第1で具体的に56項目が定められている。

薬用化粧品って、薬？ それとも化粧品？

　医薬部外品[注2]には、厚生労働省が承認した特定の濃度で、特定の効能効果を発揮する特定の成分（＝有効成分）が配合されています。この「有効成分」が医薬部外品を選ぶときのポイントです。美白、肌荒れ、ニキビ、殺菌、血行促進など、自分が気になっている悩みにピンポイントで効能効果を発揮する製品を選ぶことができます。

　一方、化粧品は製品全体によってその効能を発揮するものなので、有効成分という概念はありません。また、化粧品の効能は「肌を清潔に保つ」「肌をすこやかに整える」といったあらかじめ定められている56項目[注1]の範囲内にあります。「ニキビを防ぐ」「肌荒れを防ぐ」「皮膚の殺菌」など、化粧品の効能に含まれていない特定の効能効果があるのが、医薬部外品です。

　とはいえ、有効成分や効能効果ばかりがスキンケアのすべてではありません。美しいパッケージや心地よい香り、テクスチャー、周辺情報を含めた世界観など、心身に作用したりお楽しみだったり、要素はさまざまです。

化粧品と医薬部外品では成分の名前が異なる？

同じ成分でも化粧品と医薬部外品、どちらに配合されるかによって
異なる名称が使われる場合があります。

化粧品と医薬部外品で表記が異なる例

＜化粧品／医薬部外品＞
水 ／ 水・精製水・常水
BG ／ 1,3 - ブチレングリコール
DPG ／ ジプロピレングリコール
メチルパラベン・エチルパラベン ／ パラオキシ安息香酸エステル
トコフェロール ／ 天然ビタミンE・dl−α−トコフェロール
ココイルグルタミン酸Na ／ N-ヤシ油脂肪酸アシル-L-グルタミン酸ナトリウム
ラウレス硫酸Na ／ ポリオキシエチレンラウリルエーテル硫酸ナトリウム
BHT ／ ジブチルヒドロキシトルエン
ユビキノン（コエンザイムQ10）／ ユビデカレノン

注2）医薬部外品には薬用化粧品のほか、薬用石けん、染毛剤、殺虫剤や栄養ドリンクやうがい薬など化粧品的でないものも含まれるが、本書では特に化粧品的なものを指す。

化粧品パッケージの読み方

化粧品のパッケージには、<u>医薬品医療機器等法</u>(→P.45参照)によって、メーカー名や連絡先など、さまざまな情報の表示が定められており、これを<u>法定表示</u>といいます。

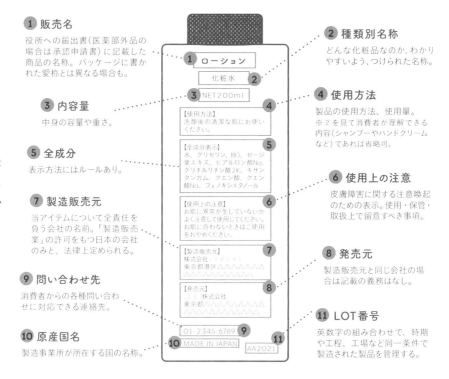

1 販売名

役所への届出書(医薬部外品の場合は承認申請書) に記載した商品の名称。パッケージに書かれた愛称とは異なる場合も。

3 内容量

中身の容量や重さ。

5 全成分

表示方法にはルールあり。

7 製造販売元

当アイテムについて全責任を負う会社の名前。「製造販売業」の許可をもつ日本の会社のみと、法律上定められる。

9 問い合わせ先

消費者からの各種問い合わせに対応できる連絡先。

10 原産国名

製造事業所が所在する国の名称。

2 種類別名称

どんな化粧品なのか、わかりやすいよう、つけられた名称。

4 使用方法

製品の使用方法、使用量。
※ 2 を見て消費者が理解できる内容(シャンプーやハンドクリームなど)であれば省略可。

6 使用上の注意

皮膚障害に関する注意喚起のための表示。使用・保管・取扱上で留意すべき事項。

8 発売元

製造販売元と同じ会社の場合は記載の義務はなし。

11 LOT番号

英数字の組み合わせで、時期や工程、工場など同一条件で製造された製品を管理する。

すべての成分を表示する義務がある

法定表示の1つである配合成分については、<u>化粧品に配合されているすべての成分を化粧品の外箱、あるいは容器に表示しなければならないという「全成分表示」</u>が、2001年から義務づけられています。

化粧品の全成分表示には主に3つのルールがあります。詳しく説明していきましょう。

化粧品全成分表示の3つのルール

Rule 1 …… 配合量の多い順に記載する

Rule 2 …… 1%以下の成分の記載順序は自由

Rule 3 …… 着色剤は配合量の多少にかかわらず最後にまとめて書く

「1%以下」の成分を見分けるにはココに注目!

植物エキス類や、ヒアルロン酸Na、コラーゲン類のような感触調整作用に優れる保湿剤、防腐剤、増粘剤、キレート剤などの安定化成分は、1%以下で十分に効果を発揮するものが多いので、それらが入っている位置が「配合量1%の境目」の目安です。

エタノールが苦手だという人も、その表示位置に注目してみてください。もし1%以下の配合量であると見られるなら、植物エキスの抽出溶媒などの目的で使われているだけです。単にエタノールのスースーする感じが苦手[注3]などの理由であれば、気にならずに使える化粧品かもしれません。

| 化粧品の全成分表示例 |

水、グリセリン、スクワラン、ジグリセリン、エタノール、<u>オレイン酸フィトステリル</u>、ヒアルロン酸Na、<u>モモ葉エキス</u>、ビワ葉エキス、<u>シアノコバラミン</u>、リボフラビン、<u>ビターオレンジ花油</u>、オレンジ果皮油、<u>レモン果皮油</u>、トコフェロール、ベヘニルアルコール、ジメチコン、BG、<u>カルボキシメチルデキストランNa</u>、カルボマーK、ポリソルベート60、ステアリン酸ソルビタン、ヤシ脂肪酸スクロール、メチルパラベン

———— 植物エキスやビタミンの成分名

～～～～ 化学的な印象の成分名

└─ 1%以下

配合量1%以下の記載順序は自由。そのため、上の表示例のように植物の名前がつくものは前方に、化学的なイメージのものや香料、保存料は後方にまとめられることが多いでしょう。香料や着色剤としての植物エキスや果皮油が、前のほうに記載されることも。各メーカーが化粧品の印象をうまく伝える手段として使っています。

注3) エタノール過敏症などアレルギーがある場合は、医師あるいは薬剤師など専門家に相談が必要。

化粧品と成分の基本

医薬部外品
成分表示のルール

自主ルールを規定して運用

　医薬部外品には、さまざまな種類があります。中でも、殺虫剤や栄養ドリンク、生理用品など、化粧品とはかなり異なる用途のものも含まれているため、化粧品と同様の全成分表示ルールをつくることができません。そのため法制化されていないのが現状です。

　そこで、医薬部外品の中でも、特に化粧品に近い使いかたをされる薬用化粧品、薬用石けん、パーマ剤、染毛剤、薬用浴用剤についてだけは、関連する業界団体が共同で全成分表示の自主ルールをつくって運用しています。

　医薬部外品は、特定の効能効果を発揮する「有効成分」とそれ以外の「添加物（その他の成分）」に分けられます。全成分表示では最初に有効成分を書き、そのあとに「その他成分」を順不同で記載するというのが自主ルールとなっています。

ヘパリン類似物質について

「ヘパリン類似物質」配合の医薬部外品が登場

　皮膚科などで処方される「ヒルドイド®」。有効成分「ヘパリン類似物質」が細胞の代謝を促して細胞間脂質を増やし、バリア機能を強化します。血行促進効果もあり、本来はアトピー性皮膚炎やしもやけなどに処方される医薬品。これを美容目的の保湿剤として入手する人の増加が医療費を圧迫したとして、社会問題になったことを記憶する人もいるでしょう。

　この問題を受けて、2020年に「ヒルドイド®」の製薬会社「マルホ」と化粧品メーカー「コーセー」が合弁会社を設立し、ヘパリン類似物質を含む医薬部外品のスキンケア「Carté(カルテ) HD」を発表しました。

　治療が目的の医薬品は、強い効能効果と引き換えに、副作用のリスクを含むことがありますので、治療を目的としない場合は、「人体に対する作用が緩和なもの」と定められている医薬部外品を選びましょう。

医薬部外品と化粧品で、成分名の表記が異なる理由

　化粧品成分も医薬部外品の成分も、国による許可制だった時代は、どちらの成分も区別なく、旧・厚生省が規格と名称を定めていました。しかし、2001年に化粧品成分が原則自由化され、国の管理から離れるにあたり、輸出入にかかる障壁を減らすことを目的に、それまで旧・厚生省が作成してきた日本独自の考えかたに基づく成分の規格や名称を止め、米国の業界団体が作成して世界的に広く採用されているINCI（→P.45参照）に準じた規格と名称に合わせることとしました。

　一方で、日本独自の制度である医薬部外品の成分は、今も国による許可制で、規格や名称は、ほぼ、そのまま継続しています。

　現在では、化粧品は業界団体が、医薬部外品は厚生労働省が、というように、別々の組織が別々の考えかたに基づいて規格や名称を決めているため、同じ成分であっても異なる名前がついている場合が多々あります（→P.35参照）。逆に、同じ名前でも別の成分であることもあるので、ややこしいのですが、医薬部外品（薬用化粧品）か化粧品か、区別しておく必要もあります。

医薬部外品の成分表示例

【有効成分】プラセンタエキス(1)、グリチルリチン酸ジカリウム
【その他成分】精製水、1,3-ブチレングリコール、ヨクイニンエキス、ヒアルロン酸ナトリウム、ユキノシタエキス、トウニンエキス、キウイエキス、リンゴエキス、アロエ液汁末、チンピエキス、ラベンダーエキス、オウレンエキス、ポリエチレングリコール1540、キサンタンガム、クエン酸、クエン酸ナトリウム、モノラウリン酸ポリオキシエチレンソルビタン(20E.O.)、パラオキシ安息香酸エステル、ブチルカルバミン酸ヨウ化プロピニル、フェノキシエタノール

キャリーオーバーって？

　「キャリーオーバー成分は表示義務がない」と耳にしたことがあるかもしれません。キャリーオーバー成分とは「原料保存のために添加される防腐剤、酸化防止剤等の成分で、製品中に移行したとき、製品中においてその効果を発揮しない成分」のこと。

　キャリーオーバー成分を記載するのは、機能していない成分があたかも機能しているかのように見えてしまうというデメリットと、機能していてもしていなくても配合されている成分がわかるというメリットが共存します。キャリーオーバー成分まで全成分リストに記載するかしないかは、各化粧品会社の判断にまかされています。

代表的な成分名と その特徴

> 難解に思える？ まずは3つのポイントから覚えて
> |

　化粧品成分を覚えたい！　と思っても、その難解な成分名に多くの人がつまずきます。一般的にはなじみが薄い名称ばかりで記憶しづらいですし、一見、同じような名前に思えても、実はまったく性質が異なる場合もあります。

　ここでは、初心者が成分を理解するうえで、役に立ちそうなポイントを3つご紹介しましょう。成分表示に共通したルールです。もちろんあてはまらない例外もたくさんあるので注意が必要ですが、きっかけとなるものも必要なので、まずはここから始めてみましょう。

① 化学記号の有無でまったく別物!?

（例）

ステアリン酸	＋ 水酸化 Na	→	ステアリン酸 Na（＋水）
ステアリン酸	＋ 水酸化 K	→	ステアリン酸 K（＋水）
パルミチン酸	＋ 水酸化 Na	→	パルミチン酸 Na（＋水）
オレイン酸	＋ 水酸化 K	→	オレイン酸 K（＋水）

　「ステアリン酸Na」や「オレイン酸K」など、末尾に化学記号がついたものがあります。これは、ステアリン酸やオレイン酸という油性成分に、水酸化Naや水酸化Kという化学物質（pH調整剤）を反応させたもので、界面活性剤（この場合は石ケン）に変化します。このように油性成分と水性成分を結合させて界面活性剤をつくる例はたくさんあります。ステアリン酸とグリセリンと結合させた「ステアリン酸グリセリル」などもあります。

② いくつの分子で構成されている？

（例）

グリセリン → ジグリセリン

（グリセリン分子が 2 個つながっている）

シロキサン → シクロペンタシロキサン

（シロキサンが 5 個、環状につながっている）

　いくつかの分子が複数つながった化粧品の化学構造を、成分名から読み取れる場合があります。少々難しいですが、例えば「グリセリン」と似た成分に「ジグリセリン」がありますが、これはグリセリン分子が「2つ」つながったもの。「ジ」が「2」の意味で、ギリシャ語が語源です。ほかにも、1は「モノ」、3は「トリ」、4は「テトラ」、5は「ペンタ」、6は「ヘキサ」、たくさんの場合は「ポリ」がつきます。単純に「-8」、「-20」など数字で表される場合も。また、分子が環状に連なった構造の成分には「シクロ」とつきます。

③ 数字が大きいほど分子が"長い"？

（例）

PEG（ポリエチレングリコール）類

↓

PEG-6、PEG-8、PEG-20、PEG-30
PEG-32、PEG-75、PEG-150、PEG-400

　「PEG-8」「PEG-20」など、「PEG」と数字の組み合わせ。よく使われるので見たことのある人も多いはずです。PEGは水性成分の「ポリエチレングリコール」の略称ですが、あとの数字は何でしょう？

　これはPEGの「分子の長さ」です。数字が大きいほど、とろみが強くなって肌にハリ感をもたらし、使用感の目安ともなります。

　ただし、数字がすべて分子の長さとは限りません。ポリシリコーン-11、ポリシリコーン-14、オリゴペプチド-2、オキシベンゾン-3など、名づけ順といった程度の意味しかない場合もあります。

ポジティブリストとネガティブリスト

現在も残る配合への「規制」

2001年の医薬品医療機器等法（旧・薬事法）の改正で、化粧品成分は製造販売元の自己責任において原則自由に配合可能となりました。

とはいえ、ある程度の規制は今も残っています。そのほとんどは、2000年9月に厚生労働省（旧・厚生省）が告示した「化粧品基準」に記載されています。

防腐剤、紫外線吸収剤、着色剤については、配合が許可されている成分を定めたポジティブリストと、それ以外の成分について配合が制限、あるいは禁止されている成分を定めたネガティブリストに整理されます。

Positive List

ポジティブリスト
（配合可能成分リスト）

「化粧品基準」に記載された、防腐剤や紫外線吸収剤（→P.156～参照）、タール色素（→P.48参照）に関する決まりごと。防腐剤（安息香酸やパラベン類）と紫外線吸収剤はそれぞれ100gあたりで使用できる最大配合量が明示されています。タール色素については、「医薬品等に使用できるものを定めた省令（昭和41年に旧・厚生省が発表）」に準じるとされています（ただし、赤色219号と黄色204号については、毛髪と爪に使用される化粧品に限り認められる）。

Negative List

ネガティブリスト
（配合制限成分リスト）

主に「化粧品基準」の「別表第1」と「別表第2」のリストを指します。

「別表第1」には、クロロホルムやカドミウム化合物など、人体へ悪影響を及ぼすため化粧品への配合が禁止されている成分の一覧が記載されます。

「別表第2」にはトウガラシチンキやホウ酸など、一定の条件で配合量に上限が必要とされている成分が、その条件と上限値とともに、掲載されています。

化粧品成分用語集

化粧品をもっと身近に

化粧品に使われている成分を知るために必要な、よく使われる用語を集めました。なんとなくこうかな……と思っているようなことも、疑問を感じたらここに戻ってきて、確認してみてください。

　化粧品は、成分の話になると、ぐっと化学的になります。ですが、そのぶんクリアであることも事実。苦手意識をもたずに、いろいろと情報を収集してみましょう。きっと、化粧品をもっと身近に感じることができるはずです。

Chapter 1

揮発することで得られる特徴

 揮発成分

　常温の環境で気体に変化しやすい成分を揮発成分といいます。化粧品では、エタノールやシクロペンタシロキサン、香料などの揮発成分がよく使われます。

　香料は揮発して鼻腔に付着すると「におい」を感じさせる成分です。

　エタノールの作用には殺菌、溶媒、浸透促進などがありますが、揮発に関係する作用としては熱を奪うことによる冷感作用が知られています。

　シクロペンタシロキサンは、塗布中はシリコーン独特の感触があり、揮発すると一緒に溶かしてあった成分が皮膜になる耐水性ファンデーションでよく使われます。

構成成分はすべて表示必須

 混合原料

　化粧品は原料会社から購入した「原料」を組み合わせてつくります。原料の中身が「成分」です。1つの成分でできている原料もあれば、複数の成分を混ぜてある原料もあります。エタノールやＢＧなど、1つの成分でできている原料のことを単一成分原料と呼び、「エタノール、水、セージ葉エキス」や「水、ヒアルロン酸Na」など複数の成分が混ざってできている原料のことを混合原料または複数成分原料と呼びます。

　化粧品に使った原料を個別の成分名に分解して、同じ成分名の配合量を足し合わせて、配合量順に並べ替えたものが「化粧品の全成分表示」です。

代表成分はキサンタンガム

 多糖類

糖類には、もっとも小さな単位のグルコース（ブドウ糖）やフルクトース（果糖）などの「単糖」、単糖が2つ結合してできるスクロース（砂糖）やマルトース（麦芽糖）などの「二糖」、単糖が3つ以上結合してできる「オリゴ糖」、単糖が数十個から数万個連結してできたものやそれに近い構造をもった「多糖類」があります。多糖類の多くは、糖が本来もっている保湿力に加えて、ひものように長い分子が水の中で絡み合うことで、水にとろみを与える増粘剤としてもはたらきます。

ヒアルロン酸Naやキサンタンガムやシロキクラゲ多糖体などが有名です。

化粧品に使いやすく改造！

 誘導体

「ビタミンC誘導体」や「ビタミンE誘導体」など、末尾に「誘導体」とつく成分があります。「誘導体」とは、母体となる化合物に、ほかの分子をつなげて少しだけ性質を変化させたもの。

ビタミンC誘導体を例にとって説明すると、ビタミンCは抗酸化作用の高い成分ですが、そのままでは壊れやすく、肌に塗る前に容器の中ですでに活性を失ってしまうことがあります。その点を解決するために改造したのが、ビタミンC誘導体です。成分としては、リン酸マグネシウムと結合させたリン酸アスコルビルMgや、グルコースと結合させたアスコルビルグルコシドなどがあります。

成分をしっかり肌に届ける

 リポソーム

細胞膜を形成する主成分であるリン脂質。化粧品成分の分類では両性界面活性剤に分類されます。このリン脂質を使ってつくった非常に小さな球状のカプセルがリポソームです。リポソームは細胞表面の成分とほぼ同じ成分でできているので、皮膚との親和性が高いのが特徴です。カプセルの中になにか成分を混ぜておくと、リポソームとともに皮膚となじむことでその成分が肌に浸透しやすくなると考えられています。

リン脂質にはいくつかの種類があり、化粧品では「レシチン」やレシチンの安定性を高めた「水添レシチン」がよく使われます。

肌にも髪にもマストな成分

 アミノ酸・ペプチド

アミノ基と呼ばれる構造とカルボキシ基と呼ばれる構造の両方がある分子を「アミノ酸」といい、化粧品ではセリン、プロリン、リシン、アルギニンなどがよく使われます。アミノ酸が複数つながったものは「ペプチド」、さらに多数結合したものは「たんぱく質」と呼ばれます。

たんぱく質の一種であるコラーゲンが分解されてできる各種アミノ酸は、水分と一緒に汗として皮膚表面に出て天然保湿因子（NMF）の主成分として水分保持の役割を果たします。

化粧品では、水溶性コラーゲンや加水分解コラーゲンなどが、保湿剤として使われます。

医薬品医療機器等法

「医薬品、医療機器等の品質、有効性及び安全性の確保等に関する法律」で、「薬機法」と略すこともあります。医薬品や医療機器などの品質と有効性および安全性を確保するほか、それらの製造・表示・販売・流通・広告などについて細かく定めた法律です。化粧品や医薬部外品、健康食品にも適用されるため、これらを扱う際には必ず把握しておく必要があります。

Understand!

表示指定成分

「使う人の体質によって稀にアレルギー等の肌トラブルを起こす恐れのある成分」として、旧薬事法により記載を義務づけられていた成分のこと。

制定当時はそれなりの役目を果たしていましたが、肌トラブルの原因が成分そのものではなく不純物のせいだったことが判明し、精製技術の向上によって逆に肌トラブルの起きにくい成分になっていたり、肌トラブルの原因となる成分は個人の体質によって実にさまざまであったりすることなどから、時代とともに制度の有効性は低下。

2001年、全成分表示制度がはじまると同時に、廃止されました。

INCI

「International Nomenclature of Cosmetic Ingredients」の頭文字で化粧品原料国際命名法と訳されます。これは、米国の化粧品業界団体「PCPC（Personal Care Products Council）・米国パーソナルケア製品評議会」が定めた化粧品成分の国際的な命名ルール。

日本ではINCIを基本に日本独自の文化に基づくアレンジを加えた日本語の名称リストを作成しています。例えば、植物由来の成分について、和名が存在する場合は和名を使うなど、日本の消費者になじみのある名前になる工夫を加えたりしています。

NMF（天然保湿因子）

肌に元来備わった「天然のうるおい成分」のこと。肌のいちばん外側「角層」に並ぶ角質細胞の内部に存在し、約半分がアミノ酸でできています。

角質細胞が酸化や糖化ストレスによってダメージを受けると、細胞内に含まれるNMFが流失し、角層内のアミノ酸量が減少してしまいます。すると、角層の保湿機能が低下して乾燥肌に傾きがちに。その結果、外的刺激に対する、肌のバリア機能も低下してしまうのです。実際、冬期の乾燥肌やアトピー性皮膚炎患者や高齢者の乾皮症では、角層中のアミノ酸含量および角層水分量が低下することが報告されています。

注意したい成分って あるの？

アレルギーのある人は気をつけたい成分も

　体質は人それぞれ。食品成分も化粧品成分も、多くの人にとっては問題がなくても、ある特定のアレルギーをもつ人は気をつけておきたいものがあります。知識がないと、過剰に心配してしまい、できるだけ避けようとしてしまいます。化粧品は、本来、楽しんで、そしてリラックスするために使うものなので、それはとてももったいないことです。また、多くの人にとって危険な成分が、そもそも化粧品に使われるわけがありません。安心して楽しんで化粧品を使うために、正しい知識を身につけましょう。

発がんシャンプーという恐ろしいデマ

コカミドDEA

「国際がん研究機関(IARC)」が、化学物質や食品、日用品、生活習慣などを「がんとの関係性の確実さ」でランク分けした「発がん性リスク一覧」を発表、最新の研究結果に基づき更新しています。

　この中で、シャンプーやボディソープの増粘剤兼洗浄剤として古くから使われている「コカミドDEA」がグループ2B（発がんと関係があるとするある程度の証拠があるーヒトおよび動物実験での限定的な証拠）に分類されています。これを根拠に「発がん性物質を配合したシャンプーが売られている」という話がネットを中心に広まっているようです。

　IARCのリストは発がんとの「関係」があるかないかをランク分けしています。それをどれくらい浴びたらがんを発症するかという「強さ」のランクではありません。

　多くの消費者は、コカミドDEAがどれほどの商品にどれくらいの量が配合されていて、その結果コカミドDEAが原因でがんを発症した人がどれくらいいて、なんでもなかった人がどれくらいいるのか、といったことを実感としてイメージできません。わからないので「発がんシャンプー」といわれればそんな危険なシャンプーを使うなどありえないという判断になるのでしょう。

　「わからないから念のために避ける」という考え方は重要ですが、知識がないことが正当化されるものではありません。正しい知識を多くもてば、あれはダメ、これはダメという話に右往左往しなくて済みます。化粧品選びの幅が広がるはずです。

由来と安全性は関係がない

天然と合成

　天然由来だからといって、必ずしも私たち人間にとって安全とは限りません。例えば毒キノコは安全でしょうか？　植物や動物や鉱物は、天然だからといって安心であるとは限らないのです。実は、由来と安全性には関係がありません。「○○由来だから安全」という単純な話であるならば、化粧品会社における安全性研究は不要です。ある成分がどれくらい安全なのか、どういった人にトラブルが出やすいのか、など、安全性に関する情報は、成分を1つひとつ調べないとわからないからこそ、研究者がいるのです。

　また、「天然」や「自然」というワードに安心・安全というイメージをもつことと、実際にある成分が自分の肌に合うのか、つまり自分にとって安心・安全か、ということは分けて考える必要があります。

　自分の肌に合わない化粧品があったとき、つい合成や石油由来の成分が原因ではないかと単純に考えてしまいがちですが、先入観に囚われすぎると、自分の肌に合わない成分の特定ができなくなる可能性もあります。

ほとんどの人に問題が起きない成分

鉱物油

　石油を精製して得られる油を鉱物油と呼ぶことがあります。この鉱物油の中でも、医薬品や化粧品には「ワセリン」や「ミネラルオイル」といった成分が多く利用されています。

　戦後の混乱期にきれいに精製されていない鉱物油が化粧品に使われたことで、肌トラブルが多発したともいわれており、これが鉱物油は肌に悪いというイメージにつながっていると思われます。

　現在では高度な精製技術が確立されており、医薬品や化粧品で使用される鉱物油は十分精製されて安全性が高く、安心して使用できる成分の1つになっています。

　「パッチテスト」（→P.18参照）では、ある化粧成分をそのまま塗るのではなく、水や油に溶かして、薄めた状態で塗ってテストします。このとき、溶かすために使う水や油が原因でトラブルが起こってしまっては、何について調べているのかわからなくなるので、できるだけ、ほとんどの人に問題にならない成分が使われます。例えば、水はきれいに精製した「精製水」を使いますし、油では鉱物油の1つであるワセリンやミネラルオイルが使われることが一般的です。このように、現在では、できるだけ多くの人に問題が起きない油として、ワセリンやミネラルオイルといった鉱物油が使われています。

役割と成分、それぞれへのイメージ

品質保持剤

　食品としては好意的に捉えられることが多いクエン酸ですが、化粧品成分としては、pH調整剤、キレート剤など、化粧品の品質を保つために使われる品質保持剤として利用されています。「品質保持剤＝悪いもの」というイメージが一般的ですが、個々の成分としては「良い」イメージ。役割へのイメージと成分へのイメージが矛盾していることに気づく人も多いのではないでしょうか。

　役割と安全性には関係がありません。品質保持剤に良くないイメージをもつことと、実際にある成分が自分の肌に合うのか合わないのかということは分けて考える必要があります。

パラベンはフリー、代わりに何が？

パラベンフリー

　パラベンは、化粧品だけでなく食品や医薬品の防腐剤として使われています。パラベン自体には毒性がほとんどなく、低い含有量でも効果が高いため、化粧品の腐敗・変色・異臭を防ぐために、よく使われています。日本ではパラベンの使用上限は1%と決められており、ほとんどの化粧品には0.1～0.5%程度しか含まれていません。

　しかし、ごく稀にパラベンでアレルギーを起こす人がいます（割合としては0.3%程度といわれています）。そのような人に向けてパラベン類を使用しない「パラベンフリー」商品も発売されています。パラベンフリー商品の場合、フェノキシエタノールや安息香酸Naなどといった別の防腐剤が使われていたり、多価アルコールやエタノールなどと密閉性容器を組み合わせて防腐性を高めたりするなどの工夫がなされます。ただ、パラベンフリーにするために使うこれらの成分にアレルギーがあったり刺激を感じたりする人もいるのです。○○フリー商品は、その○○が肌に合わない人にとって必要なアイテムですが、そうでない人にとっては○○フリーがいいものであるとは限りません。自身の体質や好みによって使い分けを考えてください。

日本では83種類が使える

タール色素

　いわゆる色材と呼ばれるものは無機顔料、有機合成色素、天然色素の3つに大きく分かれます。タール色素は、この中の有機合成色素にあたり、化粧品、特にメイクアップ用品のほか、衣服の染料や、食品添加物などとしても使用されています。主に石油から得られる炭化水素を使って合成され、防腐剤や紫外線吸収剤と同様、ポジティブリスト（→P.42参照）で使えるものが定められています。日本で化粧品に使えるタール色素は83種類、特に口紅で使われるものは58種類ありますが、実際に化粧品によく使用されているのは10種類程度です。

自らを犠牲にして化粧品を守る

酸化防止剤と抗酸化成分

　抗酸化成分も酸化防止剤も、どちらも酸素と反応しやすい成分です。これを配合することで守りたいものが酸素と反応してしまうのを防ぐという、自己犠牲のような役割を果たします。

　一般的に、コラーゲンやエラスチンなど、肌を酸化から守る成分を「抗酸化成分」、油脂や植物エキスなど化粧品に配合している成分を酸化から守る成分を「酸化防止剤」と呼び分けています。

　抗酸化成分は、消費者へその化粧品を印象づけて抗酸化作用（＝酸化防止作用）を商品の特徴として知ってもらいたいという意図があるので、価格よりも名前のもつ印象を重視します。「ユビキノン（コエンザイムQ10のこと）」「アスタキサンチン」「トコフェロール（ビタミンEのこと）」などがよく使われます。一方で、酸化防止剤は商品を酸化から守るという裏方仕事なので、消費者にアピールする必要はなく、名前の印象よりも実際の効果や価格を重視します。「BHT」「トコフェロール」などがよく使われています。

　実はトコフェロールは、効果と価格に優れるため、酸化防止剤としてひっそりと使われることもあれば、ビタミンという印象の良さをかって、抗酸化成分として積極的に使われることもあります。

　「酸化防止剤が配合されている化粧品」と「抗酸化成分がたっぷり含まれている化粧品」。この2つは実態としてはさほど違いはないのですが、文字から受ける印象は、とても違ってしまいます。

　「抗酸化成分だからいい」「酸化防止剤だから悪い」というように、役割で、その成分が良いか悪いかを判断できるものではないのです。

化粧品ごとの一般的な成分構造

化粧品がどのような成分でできているか、アイテムごとに見ていきましょう。
効能効果、感触や香りなど、化粧品の特長を"演出"します。

洗顔石けん、洗顔フォーム

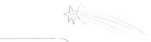

どれも基本は界面活性剤。油汚れをすっきり落とす

油汚れを落とす洗浄剤には「界面活性剤型」と「溶剤型」の2つがあります。

石けんや洗顔フォームは、界面活性剤が油汚れを包み込んで水の中に分散させて洗い流す「界面活性剤型」の洗浄剤です。そのほか、ボディソープ、ヘアシャンプーなどもこのタイプです。

界面活性剤型は、溶剤型と比べると油を落とす力が弱いものが多いので、皮脂など、比較的軽い油汚れを落とすのに適しています。

ここに注意！

汚れを落とすことが目的
洗顔料はきれいに落として

油汚れがないのに洗顔したり、回数や時間が過剰な洗顔をしたりすると、落とす必要のない皮脂まで過剰に失ってしまい、皮膚の水分蒸散抑制作用が一時的に低下する、ということがあります（その場合は、乳液やクリームで適度な油分を補うようにしましょう）。

正しい洗顔とは、汚れを落とすための洗顔です。朝は寝ているときにかいた汗や皮脂汚れを落とすために、夜は日中の汗や汚れを落とすために洗顔します。日中、スポーツやアウトドアを楽しんだら、その汚れを落とすためにも洗顔する必要があります。

皮脂や汗などの汚れが気になるなら、Tゾーンなどを中心に、念入りに洗います。肌に刺激を与えないよう、ぬるま湯でほぐした肌の上に、よく泡立てた洗顔料を転がすようなイメージで汚れを取り除きます。すすぎは、洗顔料が落ちたら完了。1分以上洗顔している場合は方法を見直してみましょう。洗いすぎで肌を傷めることを防ぎます。

洗顔石けん

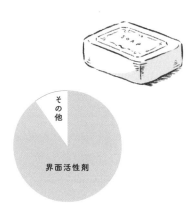

洗顔石けんは、ほぼまるごと界面活性剤でできており、水をつけてこすって、水に溶かして（泡立てて）使います。カリ石ケン素地や一部のアミノ酸系界面活性剤でも固めれば洗顔石けんになりますが、これらは水に溶けやすいため、浴室など、濡れている場所に置いておくだけで、水に溶けて流れてしまいます。固形石けんは、むき出しのまま濡れたところに置いておくことが多いため、アニオン界面活性剤の中では比較的水に溶けにくい石ケン素地（高級脂肪酸ナトリウム塩）を主成分にした商品がほとんどです。

顔用と体用で基本は同じですが、顔用は美容効果の期待できる植物エキスなどを加えてスキンケア要素を楽しめる工夫がなされています。ちなみに、ソルビトール、スクロースなどの糖類とエタノールを組み合わせると、石けんが透明になります。

< 成分表示例 > ─────────────────────────────

石ケン素地、パーム核油、スクロース、ソルビトール、水、水酸化 Na、EDTA-4Na、酸化チタン

※パーム核油は油性成分、水酸化 Na はアルカリ剤だが、両者は反応して製品中には界面活性剤のパーム核油脂肪酸 Na が生成されている。
※水は水性成分だが、非常に微量であるためここではその他に含む。

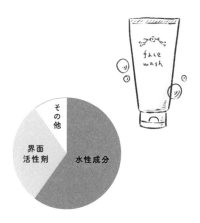

洗顔フォーム

濡れた場所に直に置くことが多い固形石けんは、少し水に溶けにくい界面活性剤が使われ、かつ、まったく水を含まないため、水に溶かすのに手間がかかります。そこで、これをある程度水に溶かしてやわらかい状態にして、チューブに入れた商品が洗顔フォームです。事前にある程度水に溶かしてあるので、少量の水を加えてこするだけですぐに泡立つ便利なスキンケア商品です。

水に溶かしておく商品なので、洗顔石けんとは逆に、水によく溶けるカリ石ケン素地（高級脂肪酸カリウム塩）やアミノ酸系界面活性剤などがよく使われます。

水の中に保湿剤や泡立ち・泡質の向上成分、パール感やスキンケア効果などいろいろな成分を溶かしておけるので、各社からさまざまな特徴の商品が発売されています。

< 成分表示例 > ─────────────────────────────

水、グリセリン、ミリスチン酸、ステアリン酸、ラウリン酸、水酸化 K、PEG-6、PEG-32、パルミチン酸、BG、ステアリン酸グリセリル、ジグリセリン、EDTA-2Na、メチルパラベン、香料

※ミリスチン酸、ステアリン酸、ラウリン酸、パルミチン酸は油性成分、水酸化 K はアルカリ剤だが、これらは反応して製品中には界面活性剤のカリ石ケン素地が生成されている。

クレンジング

 クレンジングのしくみは「油で油をなじませる」

　工場などでは、ねっとりとした落としにくい油汚れを落とすために、サラサラのきれいな油を使います。溶剤型（→P.50参照）は、油と油が簡単に混ざるこの性質を利用して、油を塗ることで油汚れを浮かし、それを拭き取ったり洗い流したりして汚れ落とすしくみです。クレンジングクリームやクレンジングオイルなどはこの方法が使われています。

　石けんや洗顔フォーム、シャンプーなどに使われる界面活性剤型と比べると、油を取り除く力が強いものが多いので、メイクや日焼け止めのような肌への密着性が高い油汚れを落とすのに適しています。

 ここに注意！

溶剤型と界面活性剤型
それぞれの特徴を知って使う

　クレンジングオイルは溶剤型の中でも特に油を取り除く力が強いので、たいした油汚れのない素肌を洗うのには向きません。前日の夜に塗ったナイトクリームが朝までしっかり残っているとか、脂性肌で起き抜けの肌の油汚れがとても気になるようなとき以外は、一般的には水や汗に強い日焼け止めやファンデーションなど、しっかり肌について落ちにくい油性メイクを落としたいときに使います。

　たいした油汚れのないときに溶剤型で洗顔すると、取らなくていい油分を取り除いてしまって乾燥してしまうかもしれません。逆にしつこい油汚れがあるときに界面活性剤型で洗顔すると、なかなか汚れが落ちなくて洗いすぎやこすりすぎをおこしたり、落としきれなかった汚れが肌トラブルにつながったりすることもあります。

　自分の肌にどんな汚れがついているのかに合わせて、適切なタイプの洗顔料を選びましょう。

クレンジングクリーム（ミルク）

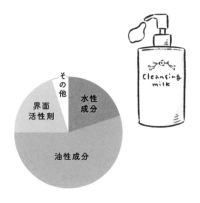

クレンジングの歴史をさかのぼると、以前は油性成分の多い「拭き取るタイプ」のクリームクレンジングが主流でした。メイクの上からマッサージするように塗ると、メイクの油性成分が肌から離れてクレンジングの油性成分と混ざり合うため、拭き取れば完了です。

現在は、洗い流すタイプが増えました。どちらの成分構造も、乳液やクリームとほぼ同じ。ですから、旅先などでクレンジングを忘れた際にはこれらで代用することも可能です。大きく違うのは、クレンジングはすべて取り去ってしまうので有効成分があまり配合されていない点。また、メイクを落とすのが主目的のため、乳液やクリームよりも油性成分がやや多く含まれます。

< 成分表示例 >

水、グリセリン、ヤシ油脂肪酸 PEG-7 グリセリル、エチルヘキサン酸セチル、ミネラルオイル、（アクリル酸ヒドロキシエチル／アクリロイルジメチルタウリン Na）コポリマー、イソステアリン酸ソルビタン、イソヘキサデカン、ポリソルベート 60、フェノキシエタノール

クレンジングオイル

クレンジングオイルに配合される成分の半分以上は、その名のとおり「油性成分」。油そのものをメイクとなじませて高い洗浄力を発揮するため、肌への密着性が高く、化粧もちの良いウォータープルーフタイプのファンデーションや日焼け止めなどを落とすのに最適です。

油性成分のみでも、クレンジングオイルの機能を十分に果たしますが、油が残りやすく、水で流そうとしてもはじいてしまって難しいでしょう。そこで、多くのクレンジングオイルには、界面活性剤（ほとんどの場合、非イオン[ノニオン]界面活性剤）が配合されています。メイク汚れを浮かせたところに水をかけると、水と汚れを含んだ油が界面活性剤の力で混ざり合って乳化します。それを水でサッと洗い流せるというしくみです。

< 成分表示例 >

ミネラルオイル、トリイソステアリン酸 PEG-20 グリセリル、エチルヘキサン酸セチル、スクワラン、オリーブ果実油、イソステアリン酸 PEG-8 グリセリル、水、BHT、トコフェロール、香料

※水は水性成分だが、非常に微量であるためここではその他に含む。

化粧水

基本構造はほぼ水性成分。保湿剤でうるおいをキープ

日本人は、他国の人々と比べて「化粧水」が大好き。肌に水分＝うるおいを与えるアイテムとして、多くの人が使っています。

しかし、単に水を与えるだけではすぐに蒸発し、乾燥してしまいます。そのため、化粧水には、水だけでなく、肌に水分をキープする保湿作用をもつ成分（→P.68～79参照）を配合しています。さらに化粧水には、さまざまな機能をもつエタノールもよく用いられます。水と、保湿剤とエタノール。化粧水はほぼこの3つの水性成分でできているともいえます。ただし、エタノールが肌に合わない人のためにアルコールフリーの化粧水も存在します。

ここに注意！

オーガニックは、その背景にある
ストーリーを楽しもう

安心安全なイメージをもつ人が多いオーガニックの化粧水ですが、あくまで有機栽培や無農薬などの栽培方法なので、その成分が肌に塗って安心かどうかとは関係ありません。例えば小麦アレルギーの人には、オーガニックであろうがそうでなかろうが、小麦が危険な成分であることに変わりがないのと同じことです。

化粧品成分は、ほとんどの場合で抽出・分離・精製・変性などいくつかの物理的・化学的処理を経るので、もととなった植物がオーガニックであっても非オーガニックであっても最終的な原料に違いはないものがほとんどです。

ただ、もととなった植物やそれを栽培した人たちの苦労に思いを馳せながら、ありがたく楽しむことはできます。それが化粧品の本来の使いかたでもあります。

化粧水

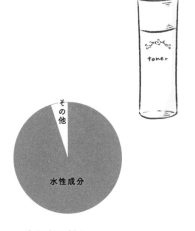

化粧水には、肌をやわらかく保つ柔軟化粧水や、毛穴を引き締める収れん化粧水、角質や脂を拭き取る拭き取り化粧水などさまざまな種類がありますが、ほぼ水性成分という基本的な骨組みはどれも同じです。水性成分の内訳は、水と保湿剤、エタノールの3つ。保湿剤とエタノールの量を調整することで、製品の特徴が変わります。

収れん化粧水や拭き取り化粧水などの「さっぱり」タイプには、揮発性の高いエタノールがやや多めに含まれます。このため、ベタつかず、すっきりとした使用感を楽しめるのです。

一方、「しっとり」タイプは、保湿剤がメイン。高級感の演出や、使用感アップのため、増粘剤でとろみをつける場合もあります。そのほか、スクワランなど微量の油性成分を入れたり、ブースター効果（→P.66参照）のために界面活性剤を配合したりする場合があります。

＜成分表示例＞

水、グリセリン、BG、DPG、エタノール、PEG-8、ハトムギ種子エキス、加水分解コラーゲン、ヒアルロン酸 Na、ソルビトール、EDTA-2Na、PEG-60 水添ヒマシ油、クエン酸、クエン酸 Na、キサンタンガム、フェノキシエタノール、メチルパラベン、香料

※ PEG-60 水添ヒマシ油は界面活性剤だが、非常に微量であるため、ここではその他に含める。

オールインワン化粧品

化粧水・乳液・クリーム・美容液の役割を1つで果たせる「オールインワン化粧品」はスキンケアに「時短」を求める人たちに人気です。その一方で、1つひとつの機能が弱いのでは？　とマイナスのイメージをもつ人もいます。

実は「オールインワン化粧品」に固有の成分設計はありません。オールインワン〇〇の〇〇にあたる部分が「ジェル」ならジェルの成分設計、「乳液」なら乳液の設計です。とはいえ、そもそも化粧品はどれも、水と油と界面活性剤のベース成分が骨組み。その最大の目的は「保湿」です。つまり、オールインワンであろうがなかろうが、化粧品の骨組みに変わりはありませんし、「保湿」を担保することが最重要課題である以上、その目的が達せられれば「1つひとつの機能が弱い」ということは問題になりません。

スキンケアの最大の目的は肌のケアです。オールインワン化粧品もライン使いも、その目的、つまり「保湿力」には大差がないため、肌のケアの次の目的が「時短」なのか「スキンケアの手順を楽しむ」のかなどによって選ぶことになります。

乳液

水分＆油分でしっかり保湿。仲介役は界面活性剤

　化粧水で水分を補ったあとは、油分を保つために乳液やクリームを手にとる人が多いはずです。乳液は、肌の水分と油分のバランスを整え、肌をやわらかくなめらかにしてくれる存在。その成分に注目すると、<u>うるおいを与えてそれを保持する「水性成分」</u>と、肌を柔軟にしたり保護したりする「油性成分」が混ざった構造になっています。水性成分と油性成分は、そのままでは混ざり合わないので、<u>両者の間を取りもって乳化する「界面活性剤」</u>も、一緒に含まれています。この３つの成分が、乳液の基本的な成分設計といえるでしょう。

Chapter 2

ここに注意！

「無添加」化粧品は
何が入っていないのか、何も入っていないのか!?

　化粧品を選んでいると「無添加」という文字と出会うことがあります。ファンケルが、「稀にアレルギーや皮膚障害を起こす可能性がある」とされていた102成分（旧表示指定成分）を含まない化粧品を開発し、それを無添加化粧品と名づけたのが始まりといわれています。

　その後、無添加は、安心安全をイメージする表現として広まり、各社からさまざまな無添加化粧品が登場しました。しかし、そうなると「何が」無添加なのかわからないということで、現在は「化粧品の表示に関する公正競争規約」によって「『無添加』、『無配合』、『不使用』などある種の成分を配合していないことを意味する用語を表示する場合は、何を配合していないかを明示すること」と定められています。

　大切なのは、自分の肌に合わない成分が無添加であることです。「無添加だから肌に優しい」と思い込まず、表示を良く見て自分の肌にあった化粧品を選ぶようにしましょう。

乳液

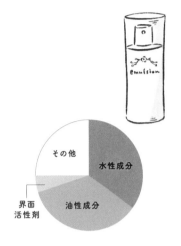

　水分と油分が共存する乳液にとって、界面活性剤の乳化作用は欠かせません。そもそも乳液とは、水と油が分離せず、長時間、均一に混ざり合った状態を保つ作用のこと。乳化したものを「エマルジョン」といいます。乳液の製品名でよく使われるワードです。

　乳化の種類には「水中油型」と「油中水型」があります（→P.168参照）。水性成分が最初に肌に広がる水中油型は、みずみずしくさっぱりした感触が特徴。スキンケア乳液のほとんどがこの型です。一方で、油性成分が最初に肌に広がる油中水型は、コクのある油分の感触と肌の上に広がった油分による撥水性の高さが特徴。水や汗に強い耐水性のリキッドファンデーションや日焼け止めの多くはこの型です。

　乳液は、乳化した状態のまま油が浮いたり水が沈んだりしやすいので、これを防ぐために増粘剤を使ってとろみを加えるのが一般的です。

＜ 成分表示例 ＞

水、グリセリン、BG、マカデミア種子油、スクワラン、ジメチコン、セテアリルアルコール、シア脂、ポリソルベート60、ヒアルロン酸Na、エリスリトール、オリーブ葉エキス、ステアリン酸ソルビタン、キサンタンガム、カルボマー、水酸化K、トコフェロール、メチルパラベン

美容液について

　美容液は、とてもあいまいな存在です。基本的には、乳液やクリームと同じ骨組みといえるでしょう。しかし、中には油性成分が中心の「美容オイル」を美容液と呼ぶ場合もあれば、水性成分と増粘剤だけでつくったジェル状の美容液もあります。かと思えば、水性成分と植物エキスだけを配合したエッセンス美容液という存在もある——ベース成分の構成はさまざまなのです。

　美容液が誕生した理由は、2つ考えられます。1つは、スキンケアのステップを増やすことで、手をかけている実感と満足感を高めること。そして、もう1つは「有効成分」を求める消費者のニーズに応えることです。

　近年、特に化粧品に対して医薬品のような特別感を求める人が増えています。この流れが、美容液という存在への人気に、反映されているようです。ただし、化粧品はあくまで化粧品であって、医薬品ではないということもきちんと認識しておくべきです。

クリーム

基本は乳液と同じ。ベースの組み合わせでさまざまな質感に

スキンケアの仕上げには「クリームでフタをして、ひと安心」という人もいるでしょう。ただ、ひと口にクリームといってもこってりとした質感のナイトクリームから、サラッとしたデイクリーム、はたまた、みずみずしい質感のジェルクリームなどまでさまざまです。

クリームの基本的な成分設計は、乳液と同じ。油性成分と水性成分が配合されており、その配合によってバラエティ豊かな質感に仕上げます。両者をつなぐ界面活性剤による乳化方法も、質感を決める重要な要素です。

ここに注意！

石油は天然資源。
いったい、肌にいいの？　悪いの？

クリームに配合されることが多いミネラルオイルは石油由来の成分です。「石油」に対して肌に良くないというイメージをもち、一方で「天然」という言葉に対して肌に良いというイメージをもっている人は多いと思います。でもよく考えてください。石油は人の手でつくり出すものではありません。地中深くから湧き出す貴重な「天然」地下資源です。

地下深くから湧き出す天然水には多くの人が良いイメージをもっていますが、地下深くから湧き出す天然油は「石油」と呼んで多くの人があまりいいイメージをもっていません。言葉がもつ「イメージ」にばかり引きずられると、化粧品選びが窮屈になるだけでなく、自分にとって良い成分や良い化粧品にめぐりあえるチャンスを減らしてしまいます。

クリーム

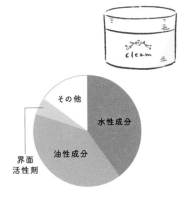

クリームは乳液と同様に、水分と油分が共存したアイテムです。ですから、こちらも界面活性剤の乳化作用が不可欠です。

乳化の種類には「水中油型」と「油中水型」の2種類があります。デイクリームのようにサラッとした質感が求められるアイテムの場合は「水中油型」が向いています。一方、ナイトクリームやハンドクリーム、日焼け止めなど、コクのある感触や、水・汗に落ちにくい性質を求める場合は「油中水型」を用いることが多いのです。

また、クリームでは、乳化安定剤として少量のセタノールなど高級アルコール（固形の油性成分）を配合し、分離を防ぎます。

< 成分表示例 >

水、グリセリン、BG、スクワラン、トリエチルヘキサノイン、アルガニアスピノサ核油、ステアリルアルコール、ベヘニルアルコール、ジメチコン、ステアリン酸グリセリル（SE）、ステアロイルメチルタウリンNa、キサンタンガム、チャ葉エキス、トウキ根エキス、BHT、メチルパラベン、カラメル

ジェルクリーム

水に溶けやすくとろみを出す役割をもつ増粘剤の一部に、油となじみやすい部品を取りつけた「高分子乳化剤」と呼ばれる高機能の増粘剤があります。親油性の部品が油に溶けようとするため、油滴の周囲の水に集中的にとろみが出ます。これを使うと水の中にジェルに包み込まれた小さな油滴が分散しているような状態で安定します。界面活性剤で包み込む一般的なクリームとは、製造方法も使い心地もずいぶんと違う特徴のあるクリームになります。

このような高分子乳化剤を活用してつくられたクリームをジェルクリームと呼ぶことがあります。ただ、単に「ジェル状のクリーム」をジェルクリームと呼んでいる場合もあるので、ジェルクリームのすべてが高分子乳化剤を活用したものとは限りません。

< 成分表示例 >

水、グリセリン、DPG、メドウフォーム油、ヒアルロン酸Na、ポリクオタニウム-51、加水分解コラーゲン、ステアリン酸グリセリル、（アクリレーツ／アクリル酸アルキル（C10-30））クロスポリマー、カルボマー、水酸化K、キサンタンガム、メチルパラベン、香料

オイル

新機軸の登場で、一気に広がったオイルの世界

ひと昔前まで、スキンケアに用いるオイルといえば、オリーブ油や馬油などの油脂や、ワセリン、スクワランなどの炭化水素油、ホホバ種子油のようなロウ類など、<u>オイルそのもののシンプルなアイテム</u>が主流でした。乳液やクリームと比べると、少々マイナーな立ち位置にあったようです。それが数年前から、ブースターとしてのオイル美容液や2層式オイルなどが発売されてラインナップに変化が訪れ、「オイル美容」という言葉も登場しました。

現在では、<u>オイルは乳液などと比べても遜色のない存在感を確立</u>しているといえるでしょう。

ここに注意！

「無香料」なのに
においがあるのはなぜ？

香りが苦手な人のために「無香料」の化粧品があります。ただし、無香料とは、あくまで「香料を使っていない」というだけで、香りがないわけではありません。石けんには石けんの香りがありますし、乳液には多少、油のにおいもするでしょう。

香料とは、昔は植物や動物の皮膚から抽出される精油のことでした。時代が進んで、その油に含まれるどの化学物質が香りのもとになっているかがわかってきたので、それをつくって組み合わせれば、あるにおいを再現することも、新たなにおいもつくることができます。これが合成香料で、天然と合成をうまく組み合わせたものを調合香料といいます。

ある化粧品を設計したら、あまりいいにおいではなかったとします。そんなとき、すっとする香りを加えたり、においを消すために別のにおいを組み合わせたりする技術があります。いずれの場合でも、成分表示に「香料」と記載せずに、オレンジ果皮油、ハッカ油などと書けば、「無香料」を謳うことができます。

オイル製品（フェイスオイル・ヘアオイル）

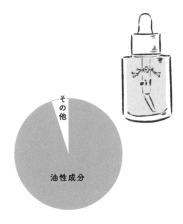

オイルそのものを塗るオイル製品の構造は、当然ながらほぼ「油性成分」。複数の油をブレンドしたものもあります。酸化しやすい油脂の場合は、酸化防止剤のトコフェロールなどが配合されることも。パッケージには小容量の遮光瓶が使われているはずです。

一般的には、「肌の水分蒸発を抑えるフタ」として使う場合は、ワセリンやスクワランなどの炭化水素油を、「皮脂のはたらきを補う」場合は、皮脂と似た成分のマカデミア種子油やオリーブ果実油を選ぶことが多いでしょう。ニキビが気になるけれどオイルを使いたい人は、炭化水素油やホホバ種子油などのロウがおすすめ。髪の毛には、ツバキ種子油などの油脂やシリコーン油（ジメチコンなど）を用いることが多いようです。とはいえ、化粧品は感触の好き嫌いも大切な要素なので、そちらに頼っても間違いではありません。

< 成分表示例 >

スクワラン、ホホバ種子油、オリーブ果実油、マカデミア種子油、トリ（カプリル酸／カプリン酸）グリセリル、アルガニアスピノサ核油、メドウフォーム油、トコフェロール、ニオイテンジクアオイ油、ラベンダー油

2層式オイル

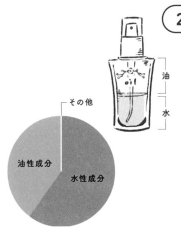

油
水

2層式オイルとは「オイルと化粧水の2種類が1本に詰まったアイテム」と考えれば理解しやすいでしょう。成分の設計は、いったいどうなっているのでしょうか？

2層式オイルの構造は、「オイル」と銘打っていても水や保湿剤のような少量の水性成分を含むことから、乳液やクリームの設計に近いアイテムです。ただ、乳液などは界面活性剤により乳化した状態がキープされますが、2層式オイルは界面活性剤を含まないため、振って混ざった状態が安定せず、すぐに分離します。これが「2層式」のゆえん。オイルそのものより軽いテクスチャーが特徴です。

毎回振って混ぜるのは面倒だともいえますが、そのひと手間を好む人もいるでしょう。また、界面活性剤を避けたいと考えている人たちにも人気の製品です。

< 成分表示例 >

水、プロパンジオール、ローズ水、ホホバ種子油、オリーブ果実油、カニナバラ果実油、コメヌカ油、グリセリン、イザヨイバラエキス、ヒアルロン酸Na、加水分解ヒアルロン酸、トコフェロール、ローズマリー葉油

日焼け止め、化粧下地

ベースは乳液&クリーム。そこに機能成分をプラス!

　紫外線のダメージによる炎症や光老化から肌を守る、日焼け止め。真皮にまで到達するUVAは冬でも、曇りの日でも降り注ぐため、日焼け止めは一年中欠かせない存在です。UVカット効果のある化粧下地を使用する人も多いでしょう。日焼け止めの基本的な骨組みは、乳液やクリームと同じ。水性成分と油性成分に界面活性剤を加えたベースの乳化液に、紫外線をブロックする「紫外線吸収剤」や「紫外線散乱剤」を配合したものです。

　UV効果のある化粧下地の場合は、そこに、緑や青などの着色剤がプラスされています。

ここに注意!

「散乱剤だから」「吸収剤だから」
悪いわけではない

　紫外線防御成分には「紫外線散乱剤」と「紫外線吸収剤」の2種類があります（→P.156〜157参照）。日本では「紫外線吸収剤は避けたほうがいい」と思われがちですが、欧州では「紫外線散乱剤は良くない」と考えている人も少なくありません。結論からいうと、散乱剤にも吸収剤にもいくつもの成分があり、その個々の成分の原料にアレルギーのある人は避けたほうが良いということ。散乱剤であっても吸収剤であっても、その成分が肌に良いか悪いかは、「人による」としかいいようがないのです。

日焼け止め

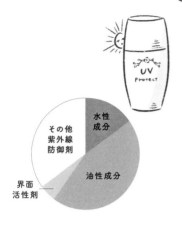

日焼け止めのベース成分は乳液やクリームとほぼ同じです。

日焼け止めは、紫外線を防御する大事な役目を担いますから、日中はできるだけ長く肌にとどまり効果を発揮する必要があります。ですから、特にレジャーシーンでは汗や水に強い「油中水型」が最適。ただ、オイルベース特有のベタつく感触やテカリも気になるところ。そこで、サラッとマットに仕上がる、ジメチコンやシクロペンタシロキサンなどのシリコーン系が多用されています。

短時間の外出などを想定した「水中油型」の日焼け止めもあります。耐水性が低い代わりにクレンジング不要で、界面活性剤型洗顔料（→P.50～51参照）で簡単に落とすことができ、日常使いに大変便利です。

紫外線を防ぐ成分は、紫外線吸収剤と紫外線散乱剤の2種類があります（→P.156～157参照）。

< 成分表示例 > ──────────────

シクロペンタシロキサン、水、酸化チタン、トリエチルヘキサノイン、テトラエチルヘキサン酸ペンタエリスリチル、メトキシケイ酸エチルヘキシル、ジエチルアミノヒドロキシベンゾイル安息香酸ヘキシル、PEG-10 ジメチコン、ジステアルジモニウムヘクトライト、ハイドロゲンジメチコン、水酸化 Al、メチルパラベン

化粧下地

くすみや毛穴、色ムラなどをカバーしてくれる化粧下地は、ベースメイクの必須アイテム。その色は、求める効果によってピンク、黄、緑、紫などさまざまです。

日焼け止めと同様に、化粧下地の基本的な成分は、乳液やクリームとほぼ同じ。水性成分と油性成分に界面活性剤を加えて乳化したベースに、緑や青、赤、黄などの着色剤を加えています。よく使用されるのは酸化鉄やグンジョウ、水酸化クロムなどの「無機顔料」です。

乳化の種類は水や汗に強く化粧のりがアップする「油中水型」が中心。こちらも日焼け止めと同じくシリコーン系の油性成分をよく使います。スキンケアの感覚で使える「水中油型」のウォーターベースの下地もありますが、カバー力や肌色補正などの効果を重視するなら「油中水型」がベターでしょう。

< 成分表示例 > ──────────────

水、ジメチコン、グリセリン、BG、スクワラン、メトキシケイ酸エチルヘキシル、シクロペンタシロキサン、PEG-10 ジメチコン、トリメチルシロキシケイ酸、ジステアルジモニウムヘクトライト、BHT、フェノキシエタノール、水酸化 Al、ハイドロゲンジメチコン、酸化チタン、酸化鉄

シャンプー、コンディショナー

ヘアケア製品は界面活性剤型洗浄剤とクリーム

　美しい髪をキープするにはヘアケア製品の存在が欠かせません。特に頭皮は、皮脂腺や汗腺が多く、汚れやすい環境。そして髪自体にも紫外線やカラーリング、パーマなどでダメージが蓄積しています。シャンプーを用いて髪と頭皮を清潔に保ち、さらにコンディショナーをプラスして、なめらかでまとまりやすい髪に整えることで、日々メンテナンスしています。シャンプーは、界面活性剤を水性成分に溶かしたものです。一方、トリートメントは、スキンケア用のクリームと同様、水性成分と油性成分を界面活性剤で混合するしくみが用いられていますが、成分は毛髪用ならではのものが加わります。

ここに注意！

シリコーンは優秀ゆえに誤解されがち
その理由は？

　ヘアケア製品にはシリコーンが含まれていることがあります。ちなみにシリコン（ケイ素）とは別ものです。シリコーンは、毛髪表面をコーティングし、すべりの良いテクスチャーを生む役割を果たします。

　実はこのシリコーン、あまりに髪をきれいに保護してしまうがゆえに、誤解を生んでしまったかわいそうな成分なのです。シリコーンが、何か悪さをするわけではありません。

　シリコーンは、髪の表面をしっかり保護してしまうので、ヘアダイやパーマなどの薬剤が浸透しにくくなります。そのため、一部の美容師が「施術前数日間は、シリコーン入りのヘアケアを避けてください」といったことから「シリコーン＝髪に悪い」という誤情報につながってしまったようです。シリコーン入りのヘアケア製品が髪や頭皮に悪いわけではないので、そういう意味では避ける必要はありません。

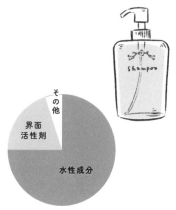

シャンプー

シャンプーは、石けんや洗顔フォームと同様、油汚れを界面活性剤で包み込んで、水の中に分散させて洗い流すしくみ。

石ケンは、水に含まれるミネラル分と反応して石けんカスと呼ばれる油状のかたまりに変化します。これは毛髪に付着すると、極めて強いきしみを生じるため、代わりにラウレス硫酸NaやココイルメチルタウリンNaのような硫酸系や、スルホン酸系のアニオン界面活性剤が使われます。

また、アニオン界面活性剤と併用するとその刺激を和らげるはたらきで知られている両性界面活性剤を組み合わせたり、界面活性剤でありつつ水に使いやすいとろみを加える増粘剤でもあるコカミドDEAのような非イオン界面活性剤を組み合わせたりします。

< 成分表示例 >

水、ラウレス硫酸Na、コカミドプロピルベタイン、ココイルメチルタウリンNa、ジステアリン酸グリコール、グリチルリチン酸2K、クエン酸、コカミドMEA、塩化Na、ラウレス-23、ポリクオタニウム-10、EDTA-2Na、安息香酸Na、メチルパラベン、香料

コンディショナー

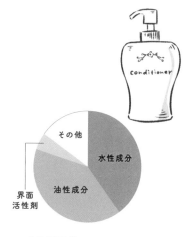

コンディショナー（トリートメント）には、毛髪を保護する油分、静電気（−）の影響を抑える＋イオンをもった帯電防止剤、水分と油分を混ぜておく界面活性剤が使われます。そして、毛髪にしっかり塗布できる適度な硬さが必要です。＋イオンをもつカチオン界面活性剤は、静電気を抑えるはたらきと水と油を混ざった状態にする界面活性剤のはたらきがあり、油性成分の1つである高級アルコールと組み合わせると適度な硬さを生じます。カチオン界面活性剤と高級アルコールの2つで必要なさまざまなはたらきを満たすことができるので、ほとんどのコンディショナーはこの2つの成分が使われます。

さらに撥水性、撥油性で高い毛髪保護効果を発揮するシリコーン（とくに毛髪付着性を高めたアモジメチコン）や、毛髪の主成分であるケラチンを加工した成分を配合した商品が多数あります。

< 成分表示例 >

水、PG、ステアリルアルコール、ジメチコン、ベヘントリモニウムクロリド、DPG、PEG-90M、アモジメチコン、ステアルトリモニウムクロリド、ベヘニルアルコール、加水分解コンキオリン、ヒドロキシエチルセルロース、メチルパラベン、香料、赤227、黄4

ブースター

> スキンケアアイテムの浸透力が高まる？
> 「ブースター美容液」のメカニズム

スキンケアの最初、化粧水よりもまず先に塗る「ブースター美容液」。続いて塗るアイテムの浸透がアップするとして、人気の製品です。なぜ、そのような効果を期待できるのでしょう？

その理由は、配合成分の「エタノール」や「界面活性剤」などの成分にあります。

肌の表面は自前の皮脂で覆われているため、スキンケア製品を塗っても、水分を弾いてしまいがち。そこで、活躍するのが、エタノールや界面活性剤のような「ブースター成分」です。

まず、エタノールから説明しましょう。エタノールは、化粧品によく使われる水性成分。固形の成分を溶かす「溶媒」となったり、揮発性によってさっぱりとした「清涼感」を演出したり、菌の増殖を抑える「防腐」効果があったりします。それに加えて、エタノールにはほかの成分が肌に浸透する効果を高めるはたらきもあるのです。これがまさに、ブースター効果のゆえんです。エタノールやメントールにはさまざまな成分の皮膚浸透性を高める作用が知られており、以前から塗り薬でも活用されています。

では、界面活性剤のブースター効果とはどのようなしくみになっているのでしょうか？

界面活性剤には、水と油を乳化する作用がありました。そのはたらきを、ブースター美容液を使ってケアした肌の状態に当てはめると、ちょうど皮脂（油）と、化粧水などの水性成分が乳化する、つまり、よく肌になじんでいるわけです。これがブースター作用のメカニズム。よく用いられる成分は、乳化作用をもつ水性保湿油「PEG/PPG/ポリブチレングリコール-8/5/3 グリセリン」や、親水性が高い非イオン界面活性剤「PEG-60水添ヒマシ油」などです。

3章

化粧品成分事典

よく使用されている化粧品の成分について、名称や特性などの解説を
記載しました。毎日使うスキンケア化粧品を、もっと知りたい人に。

これぞ基本。保湿なくして美肌なし

保　湿

肌の「バリア機能」維持にも保湿成分が役に立つ

　化粧品の骨組みは、水と油と界面活性剤です。これをベース成分といいます（→P.164-165、P.168-169参照）。その他の成分には、品質保持や向上を目的とするものや美容成分・有効成分などがあります。

　本書では、この美容成分・有効成分を、そのはたらき（保湿・美白・エイジングケア・肌荒れ改善・ニキビ・毛穴ケア・紫外線防御成分）によって分類しています。さらに保湿は、ベース成分の水性成分のうちの保湿剤とイコールである水性保湿成分と水分の蒸散防止を目的として配合される油性成分に分かれています。

　「化粧品の目的は保湿」と言い切っても過言ではないほど、大切なはたらきです。

乾燥した肌	うるおった肌

バリア機能を形成する「皮脂」「細胞間脂質」「NMF」の3つの保湿因子のバランスが崩れ、肌内部の水分が蒸発し、乾燥肌になってしまった状態。外的刺激に弱くなります。保湿因子は加齢によっても減少してしまいます。その結果、年齢を重ねた肌は乾燥しやすくなってしまうのです。

うるおった肌の内部状態を見ていきましょう。角層内は、角層細胞や細胞間脂質がすき間なく並び、外側は適度な皮脂で覆われています。肌表面の水分を保持するNMFもしっかりとはたらき、うるおいを保っています。これらの機能が正しくはたらくことにより、うるおい肌がキープされているのです。

保湿剤の特徴

本書では、保湿剤は「水性保湿剤」と「油性保湿剤」の2つに大別されます。それぞれの特徴は以下のとおりです。

水性保湿剤

水性保湿剤の主なはたらき

うるおいを保つ（水分保持、保湿）

グリセリン
⇒ P.70

ヒアルロン酸 Na
⇒ P.72

保湿を訴求する成分のうち、水性のもの。水の分子と結合することで、肌からの水分の蒸発を抑制し、皮膚表面の水分を保持する作用をもちます。保湿は、化粧品の数あるはたらきの中でも、特に重要なはたらき。そのため、水性保湿剤は、化粧品の必須成分であるといえます。

油性保湿剤

油性保湿剤の主なはたらき

・肌に油分を補い、肌の柔軟性を高める
・肌表面にフタをして水分の蒸発を防ぐ

ミネラルオイル
⇒ P.75

スクワラン
⇒ P.76

うるおいを保つためには、補った水分の蒸発を防ぎ、フタをして閉じ込めることが必要になります。油分を補うことで、肌をやわらかく保つ役割もあります。そのはたらきをもつのが、保湿剤の中でも油性保湿剤に分類される、ミネラルオイルやスクワランなどです。

保湿性もコスパも◎。保湿成分の"女王"

グリセリン

水性保湿剤

□ 美容成分
□ 有効成分
☑ 医薬部外品

その他の効果
肌荒れ
改善

表示名	グリセリン、濃グリセリン（部外）	配合アイテム

国内の化粧水の約9割に配合されている

ヤシ油、パーム油、牛脂などの油脂を加水分解したり化学合成したりして、製造される成分です。無色透明の液体で、やや粘性があります。

古くから多くの人に使われ続けてきた実績が証明する安全性と非常に優れた保湿作用をもち、多量に配合しても不快な感触が出ません。そのうえ安価なことから、国内で販売される化粧水の約9割に配合されています。まさに保湿成分の女王的存在です。

(グリセリンは こう選ぶ)

・ 動物性油脂を分解して製造するもの、植物性油脂を分解して製造するもの、石油化学で合成して製造するものの3種類があり、いちばん使われているのは植物性油脂を分解して製造したもの

・ 狂牛病の影響で、ウシやヒツジなど反芻動物由来の成分を好まない消費者が増えたことから、近年はヤシ油やパーム核油など植物性油脂を分解して製造するグリセリンが多く使われるようになっている

温感化粧品の秘密はグリセリンにあった！

COLUMN

グリセリンは、水と混ざると発熱する性質（溶解熱）があり、そのため、温感クレンジングジェルや温感クリームなどの温感化粧品の多くには、グリセリンが配合されています。なお、温感作用を目的にグリセリンを配合する場合は、大量に配合しなければなりません。したがって、全成分表示の1番目にグリセリンが書かれていて、水がかなり少ないと思われる製品は、温感化粧品の可能性が高いといえるでしょう。

┤ Strength ├
強み

安価で、安全性も保湿力も高い。多くの化粧品で使われている。

┤ Weakness ├
弱み

保湿感は弱いので、保湿されているという実感は得にくい。

おすすめ
こう使ってほしい！

効果的な 組み合わせ

グリセリン

×

ヒアルロン酸類
⇒ P.72

もともと多機能のはたらきをもつグリセリンだけあって、水とヒアルロン酸だけで調整しても、十分な実力を発揮します。使用感、保湿力ともに、豊かで幅広いテクスチャーに仕上がるため、スキンケアを楽しむにはうってつけ。

保湿ならコノ 組み合わせ

グリセリン

×

マカデミア種子油
⇒ P.8、P.79

グリセリンは水性成分ですが、界面活性剤になかだちしてもらうことで、油脂などの油性保湿剤と組み合わせることができます。この組み合わせの温感クレンジングや保湿クリームは、しっとりとした使い心地を堪能できます。

保湿
グリセリン

プラス
+1

「脂性肌」「普通肌」「乾燥肌」
肌タイプはずっと変わらない？

P.14〜16で、肌タイプを自分でチェックできる方法を紹介していますが、この肌タイプは"一生もの"ではありません。肌タイプは年齢や季節によって変わります。「昔から脂性肌だから、油分は必要ない」と思い込み、保湿を怠っていると、美肌から遠ざかってしまう可能性も。日々、自分の肌の状態を確認して、適したケアを行うことが、美肌への近道です。

保湿成分の中でも感触調整作用は断トツ！

ヒアルロン酸類

 水性保湿剤

☑ 美容成分
□ 有効成分
☑ 医薬部外品

その他の効果

抗シワ

表示名	ヒアルロン酸 Na、アセチルヒアルロン酸 Na、ヒアルロン酸ナトリウム（部外）	配合アイテム

テクスチャーを重視するならコレ！

　多くの化粧品に使われる、代表的な保湿成分の１つ。過去にはニワトリのトサカから抽出するのが一般的でしたが、近年では、乳酸球菌による発酵法で製造したものが主流です。いくつかの種類がありますが、いずれも乾燥から肌を守り、キメの整った肌を維持する作用があります。水に微量配合するだけで心地良いとろみとサラッとした保湿感が得られるので、テクスチャー向上の目的で、多くのスキンケア製品に配合されます。

（ ヒアルロン酸類は こう選ぶ ）

・ 肌表面のうるおいをキープしたいなら分子が大きいヒアルロン酸 Na がおすすめ
・ アセチルヒアルロン酸 Na は皮膚や毛髪との親和性が高いので、より高い保湿力が期待できる

ヒアルロン酸類についてもっと詳しく！

ヒアルロン酸には次のような種類があります。

●ヒアルロン酸 Na
　一般的にヒアルロン酸といえば「ヒアルロン酸 Na」を指します。分子が大きいため浸透力は高くありませんが、肌の表面にとどまってうるおいをキープします。

●アセチルヒアルロン酸 Na
　ヒアルロン酸 Na に油性成分をプラスしたもの。皮膚や毛髪との親和性に優れ「スーパーヒアルロン酸」とも呼ばれます。

●加水分解ヒアルロン酸
　ヒアルロン酸を糖やオリゴ糖のサイズにまで小さく分解したもの。名前にヒアルロン酸の文字はありますが、ヒアルロン酸としての性質はなく、一般的な糖類と同様、角質層への浸透が良いことから「浸透型ヒアルロン酸」とも呼ばれます。

COLUMN

<table>
<tr><td>

┤ Strength ├

強 み

ヒトの皮膚にも存在する成分で、乾燥から肌を守り、キメを整える。

</td><td>

┤ Weakness ├

弱 み

配合量によってはベタつきを感じる。

</td></tr>
</table>

おすすめ \ ' /
こう使ってほしい！

効果的な 組み合わせ	ヒアルロン酸は、保湿を得意とする成分の中でも特に水分保持力が高く、分子が大きいという特徴があり、「角層の表面に突き刺さる感じ」で皮膜を形成します。そのため、角層の細胞間脂質であるセラミドを組み合わせるのがおすすめ。
 ヒアルロン酸類 　　セラミド類 　　　　　　　　⇒ P.128	
抗シワならコノ 組み合わせ	ヒアルロン酸と油分を組み合わせることで、水分蒸散を抑えることができます。油分の中でも、特におすすめの組み合わせ成分はスクワラン。スクワランは油脂ではなく炭化水素なので、細菌のエサになりにくいのです。
 ヒアルロン酸類 　　スクワラン 　　　　　　　　⇒ P.76	

プラス
+1

ドラッグストアや通販サイトでよく見る
「ヒアルロン酸原液」ってなに？

インターネットの通販サイトやドラッグストアなどで、「ヒアルロン酸原液」と冠された製品が売られているのを見たことがある人も多いのではないでしょうか。あたかもヒアルロン酸だけの液体であるかのように感じますが、ヒアルロン酸 Na は白色粉末で、液体ではありません。ヒアルロン酸 Na は水に溶かすのに手間がかかるので、あらかじめ水に溶かした状態で販売している場合もあります。これが「ヒアルロン酸原液」と呼ばれているようです。

肌のうるおいを守る、美肌の守護神

コラーゲン類

水性保湿剤

□ 美容成分
□ 有効成分
☑ 医薬部外品

その他の効果

抗シワ

表示名	水溶性コラーゲン、加水分解コラーゲン、アテロコラーゲン、サクシニルアテロコラーゲン、サクシノイルアテロコラーゲン、水溶性コラーゲン液（部外）	配合アイテム	

肌の表面に保護膜をつくり、うるおいを逃さない

　コラーゲンはたんぱく質の一種で、肌においてはハリと弾力をつかさどっています。化粧品に使われているのは、ブタや魚など、動物の皮やウロコから抽出したものです。アテロコラーゲン、水溶性コラーゲンなど、いくつかの種類がありますが、いずれも保湿性に優れ、肌の表面にしなやかな保護膜をつくることから、乾燥や肌荒れのケアにおすすめ。また、少量でもリッチなテクスチャーをつくることができるため、テクスチャーの向上を目的に配合される場合もあります。

Strength 強み	Weakness 弱み
保湿効果に優れ、肌や毛髪の表面に保護膜をつくる。	水に溶けにくいため、化粧品で使う場合は水に溶けやすくする必要がある。

おすすめ こう使ってほしい！

効果的な組み合わせ

コラーゲン類

×

純粋レチノール
⇒ P.104

もともと肌に常在するコラーゲンは、光によって分解されやすくなります。そのため、エイジングを意識したケアでは、水に溶けやすくした水溶性コラーゲンや加水分解コラーゲンを補給するとともに、レチノールを組み合わせると効果的。ヒアルロン酸の合成を促進します。

保湿

多数の化粧品で活躍する人気者！

ミネラルオイル

油性保湿剤

□ 美容成分
□ 有効成分
☑ 医薬部外品

その他の効果

肌荒れ
改善

表示名	流動パラフィン（部外）、ミネラルオイル	配合アイテム	

保湿

コラーゲン類／ミネラルオイル

肌からの水分蒸散を抑える

　石油を精製して得られる無色透明の液体です。化粧品設計の基本となるベース成分（→ P.164-165、P.168-169 参照）のうち、油性成分の中の炭化水素（→ P.166 参照）に分類されます。肌からの水分蒸発を抑える水分蒸散抑制というはたらきに優れることと、ほとんどの人にとって肌トラブルの原因にならない安全性の高さが特徴です。加えて乳化もしやすい油なので、スキンケア用クリームや乳液、クレンジングオイルの油性成分として広く使われています。

╞ Strength ╡

強み

低刺激性で安定性が高く、乳化しやすいため、多くの化粧品に使われている。

╞ Weakness ╡

弱み

石油を原料としているため、肌に良くないと誤解されがち（実際は安定性・安全性が高い）。

ならコレ！

ミネラルオイル配合

ジョンソン
ベビーオイル
（ジョンソン・エンド・
ジョンソン）
300ml ¥877
（メーカー希望小売価格）

スキンケアオイルの
定番といえばコレ

その名前のとおり、赤ちゃんのデリケートな肌にも使える低刺激のベビーオイル。肌を保護するミネラルオイルを使い、オイルなのにさらりとした使い心地。赤ちゃんだけでなく、大人も安心して全身に使えるスキンケアオイルです。

敏感肌用コスメにも！　マルチに活躍

スクワラン

油性保湿剤

□ 美容成分
□ 有効成分
☑ 医薬部外品

その他の効果
肌荒れ
改善

表示名	スクワラン、植物性スクワラン（部外）、合成スクワラン（部外）

保湿作用があり、ベタつきが少ない

　油性成分の中の炭化水素に分類される（→ P.166 参照）無色透明の液体油で、肌からの水分蒸散抑制効果に優れているのが特徴です。かつては、サメ類の肝油に含まれる「スクワレン」に水素を反応させて酸化しにくいように製造したものや、化学合成で製造するものが中心でしたが、オリーブ果実油から製造されたものが多く使われるようになっています。いわゆる「油っぽい」感触が強い炭化水素の中では、比較的さっぱりとした塗布感触なので、広く化粧品で使用されています。

（　スクワランは こう選ぶ　）

・　かつては「スクワラン」「合成スクワラン」「植物性スクワラン」と由来ごとに別々の名前がついていたが、どれも高純度で化学構造にも違いはない

・　由来に関心がある人はカタログやインターネットで商品説明を探すか、メーカーに問い合わせをすれば教えてくれることも

スクワランについてもっと詳しく！

近年、海洋資源保護の観点から深海ザメの捕獲が規制されるようになり、その影響で、動物性スクワランの原料の供給が減少しています。そこで、消費者の植物志向もあり、オリーブ果実油から製造するスクワランが注目されるようになりました。しかし、そのオリーブ果実油も、不作になると、化粧品など工業用は価格が高騰し、入手しにくくなる問題が起きています。サトウキビの糖液から何段階かの化学反応を経て合成する、シュガースクワランも登場しています。

┤ Strength ├ 強 み	┤ Weakness ├ 弱 み
皮膚に対する刺激がほとんどなく、低刺激・敏感肌用コスメにも使われる。	サメの捕獲が規制されるようになったため、動物性スクワランの流通量の減少が危惧される。

おすすめ ＼ ｜ ／ **こう使ってほしい！**

効果的な組み合わせ

スクワラン

×

セラミド類
⇒ P.128

サラッとした軽めの使用感が特徴のスクワラン。分子構造は炭化水素なので、保護力もあり細菌のエサになりにくいという、非常に使い勝手の良い成分です。細胞間脂質のセラミド類と合わせれば、角層のバリア機能が強化されます。手荒れにも効果的なので、この組み合わせのハンドクリームもおすすめです。

プラス
+1

保湿のためには化粧水や乳液を
重ねて塗ると良いって本当？

乾燥が気になるからと、化粧水や乳液を重ね塗りしていませんか？　化粧品は基本的に、パッケージなどに書かれている方法・量で使用したときに、最適な効能効果・使用感が発揮されるよう設計されています。したがって、化粧水を重ね塗りして2倍の量を使ったからといって、効果が2倍になるわけではありません。それどころか、使用感が変わってしまう可能性もあります。使用説明に重ね塗りについて書かれていなければ、あえて重ね塗りするメリットはないでしょう。

サラッとしていて保湿力は抜群!

水性

DPG

| 表示名: | DPG、ジプロピレングリコール（部外） |

強み ベタつきが少なくサラッとした感触を演出できる。

弱み 水分保持力はグリセリンよりは弱い。

「DPG」はジプロピレングリコール（DiproPylene Glycol）の頭文字で、石油から合成された成分です。適度な水分保持力があり、それでいて使用感がサラッとしていることから、保湿剤としてはもちろん、テクスチャー調整剤としても使われます。また静菌作用もあり、DPGを配合すると少ない防腐剤で品質を保てるというメリットも。

失われたうるおい肌を取り戻す!

水性

アミノ酸

| 表示名: | アスパラギン酸（L-アスパラギン酸）、アラニン（L-アラニン、DL-アラニン）、グルタミン酸（L-グルタミン酸）など ※（ ）内は医薬部外品の表示名称 |

強み 分子が小さいため、肌への浸透性が高い。

弱み pHに影響するので多量に配合しにくい。

角層にある天然保湿因子（NMF）の半分以上はアミノ酸でできており、肌にとっては欠かせない成分です。多くの種類がありますが、いずれも乾燥や加齢などで失われたアミノ酸を補い、肌のうるおいを取り戻す効果が期待できます。なお、アミノ酸が数個から数十個つながったものがペプチド、50個以上つながったものがたんぱく質です。

ヒトの真皮とサケの鼻の頭にある

水性

プロテオグリカン

| 表示名: | 水溶性プロテオグリカン |

強み ヒアルロン酸類（→ P.72～73）より保湿力が高いといわれる。

弱み サケアレルギーがある人は注意が必要。

ヒトの皮膚の真皮にも存在する成分です。化粧品では主に、サケの鼻の頭（鼻軟骨）から抽出した水溶性プロテオグリカンが用いられ、角層の水分蒸散を防ぎ、肌のうるおいを守る効果が期待できます。また近年、肌の弾力やシワの改善、色素沈着低下などの作用も報告されており、注目度が高い成分といえるでしょう。

ハリ感を演出する"名脇役"

水性

PEG類

| 表示名: | PEG-6（ポリエチレングリコール300）、PEG-8（ポリエチレングリコール400）、PEG-400（ポリエチレングリコール20000）、PEG-90M（高重合ポリエチレングリコール） ※（ ）内は医薬部外品表示名称 |

強み 保湿と増粘の2役をこなし、肌にハリ感をもたらす。

弱み グリセリンなどに比べると保湿効果は弱い。

「PEG」は、ポリエチレングリコール（PolyEthylene Glycol）の頭文字です。分子がひも状につながっているのが特徴で、成分名に続く数字が大きいほど長くなり、とろみも強くなります。保湿作用に加えて、肌がピンと張ったようなハリ感をもたらすことから、多くの化粧品に使われています。

"もち肌"をつくる米のパワー

ライスパワー

|

表示名：ライスパワーエキス、ライスパワー No.11（米エキス No.11）、ライスパワー No.6（米エキス No.6）
※（ ）内は医薬部外品の表示名称

強み 12種類のライスパワーがあり、どれも保湿作用がある。

弱み それぞれ効能効果が異なり、保湿力にも差がある。

菌や酵母などを用いて米を発酵させて得たエキスの総称です。成分名のあとには数字が続き、発酵に用いられた菌や微生物によって効能効果が異なりますが、どれも保湿作用がある点は共通しています。なお、ライスパワー No.6 は皮脂分泌抑制、ライスパワー No.11 は皮膚水分保持能改善の医薬部外品有効成分として承認されています。

右上タブ：水性

マルチぶりでは1、2を争う

BG

|

表示名：BG、1,3-ブチレングリコール（部外）

強み グリセリンに比べてベタつきが少なく、軽い使用感となる。

弱み 保湿力はグリセリンのほうが高い。

「BG」は、化学名「1,3-ブチレングリコール（Butylene Glycol）」の略称です。無色透明の液体でやや粘性があり、保湿作用があります。グリセリンと並んで化粧品によく使われる成分の1つです。また、菌が育ちにくい環境をつくるはたらき（静菌作用）に優れるため、BG を配合すると少ない防腐剤で品質を保つことができます。

右上タブ：水性

右側タブ：保湿／その他の成分

甘い罠で水分を引き寄せ、離さない！

糖類

|

表示名：エリスリトール、キシリトール（キシリット）、グルコース（ブドウ糖）、スクロース（白糖）、ソルビトール（ソルビット液）、マルチトール（マルチトール液）、マンニトール（D-マンニット、トレハロース）など
※（ ）内は医薬部外品の表示名称

強み 食品にも使われる成分が多く、安全性が高い。

弱み 種類、配合量によっては、きしみやベタつきを感じることがある。

水を引き寄せてゆるく結合し、水分の蒸発を防ぎます。そのため、化粧品では主に保湿目的で配合されます。ただし、保湿力やテクスチャーは糖類の種類によってさまざま。例えば、ソルビトール、キシリトールはグリセリンよりも保湿力が高いものの、きしみやベタつきが強くなるため、多量には配合できません。

右上タブ：水性

ヒトの皮脂とよく似た植物オイル

マカデミア種子油

|

表示名：マカデミア種子油、マカデミアナッツ油（部外）

強み 皮脂の構造に比較的近く、肌へのなじみが良い。

弱み 天然成分のため、製品によって成分組成が異なる可能性がある。

マカデミアナッツを圧搾して得られる植物オイルです。ほかの油脂（オリーブ果実油、ツバキ種子油、ヤシ油など）よりも構造がヒトの肌のそれに近く、肌へのなじみが良いのが特徴です。また、肌をやわらかくする効果も持続するため、しなやかでうるおいのある肌をつくる乳液やクリームなどに向いています。

右上タブ：油性

シミのない透明感あふれる肌へ

美　白

紫外線対策に美白化粧品でのケアをプラス

　　かつては、「小麦色の肌は健康的」との印象があって好まれていましたが、近年は
紫外線のデメリットから、シミ・くすみのない明るい肌色を好む人が増えてきました。
ただし、極端に紫外線を浴びなさすぎても、ビタミンD欠乏症が危惧されます。しか
し、ビタミンなどの栄養バランスのとれた食事を心がければ、心配いりません。
　　さて、肌の色を、紫外線をあまり浴びていない印象に近づけたいとき、出番とな
るのが美白化粧品です。そのはたらきは大きく分けて3種類。日焼けやシミのメカニ
ズムとともに詳しく見ていきましょう。

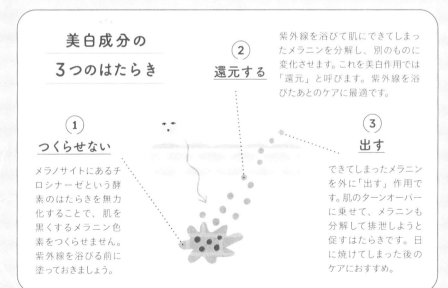

美白成分の
3つのはたらき

② 還元する

紫外線を浴びて肌にできてしまっ
たメラニンを分解し、別のものに
変化させます。これを美白作用では
「還元」と呼びます。紫外線を浴
びたあとのケアに最適です。

① つくらせない

メラノサイトにあるチ
ロシナーゼという酵
素のはたらきを無力
化することで、肌を
黒くするメラニン色
素をつくらせません。
紫外線を浴びる前に
塗っておきましょう。

③ 出す

できてしまったメラニン
を外に「出す」作用で
す。肌のターンオーバー
に乗せて、メラニンも
分解して排泄しようと
促すはたらきです。日
に焼けてしまった後の
ケアにおすすめ。

※チロシナーゼについて、詳しくは P.94 を参照してください。

「メラニン」にアプローチする３つの対策

メラニンが排出できずに残ってしまうとシミやソバカスの原因に。
重要なのは黒色色素のメラニンにどうアプローチするかです。

つくらせない
（メラニン生成抑制）

アルブチン	エラグ酸
⇒ P.82	⇒ P.99

メラノサイトが紫外線による刺激を受けてから、チロシナーゼ（→ P.94 参照）のはたらきを使ってさまざまな生化学反応を経由して色素成分のメラニンを生成するまでの過程を妨害する成分です。

還元する

ビタミンＣ誘導体
⇒ P.88

メラニン自体を分解して淡色化する「還元」のアプローチです。美白作用をもつ冠成分・ビタミンＣ誘導体の多くが、この「淡色化（還元）」のはたらきをもっています。

出す

プラセンタエキス
⇒ P.96

多くの美白化粧品はチロシナーゼ（→ P.94 参照）を阻害する成分を採用しています。それでもできてしまったメラニンは、ターンオーバーを促進することで、分解して排出を促します。

美白

Trouble ＼────── 美白化粧品とトラブル ──────

　2013 年に起きた美白化粧品による白斑様 症 状（はくはんようしょうじょう）について記憶している人も多いでしょう。問題となった「ロドデノール」は、チロシナーゼ（→ P.94 参照）を阻害することでメラニン生成を抑える成分です。反応時の副生成物がメラノサイトを攻撃し、白斑ができたと考えられています。

　もちろん、ロドデノールは厚生労働省で認可された有効成分で、配合量も規定範囲をきちんと守っていました。

　メーカーはつねに細心の注意を払って研究・開発に取り組んでいます。しかし想定外の現象が起きてしまうことがありうる。そのことを知っておいていただけたら、と思います。

美白

チロシナーゼのはたらきを阻止しシミをつくらせない

アルブチン

☑ 美容成分
☑ 有効成分（承認1989年）
☑ 医薬部外品

その他の効果
肝斑改善

表示名	アルブチン、α-アルブチン	配合アイテム

メラニンの生成を抑制し、シミを防ぐ

　無色の針状結晶で、天然ではコケモモ、ウワウルシ、ナシなどの植物に含まれる成分です。メラニンの生成を促進する酵素 「チロシナーゼ」にはたらきかけてメラニンの生成を抑制し、シミをつくらせないようにするはたらきがあることから、多くの美白化粧品に配合されています。

　ただし、シミを薄くする、除去するといった強力なパワーはありません。

　なお、アルブチンには「β-アルブチン」と「α-アルブチン」がありますが、一般にアルブチンといえば、資生堂が開発したβ-アルブチンを指します。

アルブチンは こう選ぶ

・ 医薬部外品の美白有効成分として承認されているのはβ-アルブチン

・ コケモモ果実エキス（→ P.100 参照）もβ-アルブチンと似た作用を期待できる

α-アルブチンについてもっと詳しく！

COLUMN

　α-アルブチンもβ-アルブチンも、ハイドロキノンとグルコース（糖）を結合して生成されますが、その結合のしかたが異なります。α-アルブチンは2002年に江崎グリコによって開発されました。α-アルブチンのメラニンの生成抑制効果はβ-アルブチンの10倍といわれ、近年、注目を集めています。ただし、医薬部外品の有効成分としての承認は取得していません。

┤ Strength ├
強 み

比較的刺激が少なく、安全性が高い。

┤ Weakness ├
弱 み

シミを除去できるほどの強い力はない。

美白

アルブチン

おすすめ こう使ってほしい！

効果的な 組み合わせ

アルブチン

×

ビタミンC誘導体
⇒ P.88

アルブチンは、チロシナーゼの活性を阻害し、メラニン生成の抑制にはたらきかけます。一方、ビタミンC誘導体は、メラニンを還元することに長けており、高い抗酸化能力もあります。双方の機序がかぶらず、より強力に美白をサポートできます。

美白ならコノ 組み合わせ

アルブチン

×

リンクルナイアシン
⇒ P.108

リンクルナイアシンは、美白とシワ改善の効果をあわせもつ成分。さらにアルブチンでメラニン生成を阻止することから、エイジングケア全体を網羅できるようになります。美白×エイジングケアの最強タッグです。

プラス
+1

アルブチンと似た構造の「ハイドロキノン」とは？

アルブチンはハイドロキノンと似た構造をもっています。ハイドロキノンは、美白成分の1つです。アルブチンと同様、チロシナーゼにはたらきかけてメラニンの生成を抑制します。その効果はアルブチンよりも高いものの、残念ながら作用がおだやかではありません。そのため、日本では、主に医療機関で使用されています。使用に際しては、医師や医療関係者に必ず相談することをおすすめします。また、たくさん使ったからといって効果が倍増するわけではないので、適量を心がけてください。

米と並ぶ日本の伝統食から発見!

コウジ酸

☐ 美容成分
☑ 有効成分
　　(承認 1988 年)
☑ 医薬部外品

その他の効果

抗糖化

表示名	コウジ酸	配合アイテム	

メラニン合成にかかわるチロシナーゼから銅イオンを奪う

　酒、みそ、しょうゆなどをつくる際、発酵の過程で米麹(こうじ)が用いられます。この米麹から発見されたのがコウジ酸です。化粧品原料としては、コウジカビの培養液から抽出・精製されたものが使われます。

　チロシナーゼ中にある銅イオンを奪うことでチロシナーゼの活性を阻害し、シミやソバカスを抑制する作用が認められ、1988 年、医薬部外品の美白有効成分に承認されました。一時期、安全性の有無が問題となりましたが、その後の追加試験により安全性が確認されています。

コウジ酸は こう選ぶ

・ 複数の化粧品メーカーの製品に使われているが、どれも開発元の三省製薬が供給するコウジ酸を使っている。したがって、製品が違ってもコウジ酸の機序は同じであると考えられる

・ 紫外線吸収剤などと組み合わせた日焼けなどによるシミやソバカスを防ぐ化粧品への配合に適している

すべては杜氏(とうじ)の手の美しさからはじまった!?

COLUMN

コウジ酸に美白効果があることがわかったのは 1970 年代のこと。そのきっかけとなったのが、「日本酒づくりの現場で毎日を過ごす杜氏(酒づくりの職人)の手は、白く美しい」という伝承だったといわれています。杜氏の手の美しさの理由を突き止めるべく、醸造に使われる麹菌の研究を行ったところ、コウジ酸に美白効果があることがわかったのです。

Strength 強み	Weakness 弱み
美白効果はもちろん、抗糖化作用による黄ぐすみ対策も期待できる。	水にも油にも溶けにくいので、製品のバリエーションが少ない。

ならコレ！

コウジ酸配合

デルメッド
プレミアム
クリーム No.1
（三省製薬）
35g ¥14,300

美白、エイジングケアにパワーを発揮

大人肌のあらゆる悩みをトータルにケアするエイジングケアクリーム。美白や黄ぐすみ防止成分のコウジ酸、肌にハリや弾力を与えるセラムバイタルに、美白をサポートするフランカブランカを加え、さらに進化したクリームになりました。

プラス
+1

気になる「黄ぐすみ」の改善効果も期待できる

加齢にともない肌の色が黄色くくすむことを「黄ぐすみ」といいます。黄ぐすみは、たんぱく質が体内の糖と結びつき、「AGEs（Advanced Glycation End Products ／糖化最終生成物）」という黄褐色の物質が発生して蓄積することで起こります（→ P.103 参照）。コウジ酸の製造元である三省製薬の研究によると、コウジ酸には AGEs の産生を抑えるはたらきがあるとのこと。コウジ酸は、この黄ぐすみを解消する効果のほか、肌のハリや弾力アップの効果も期待されています。

美白

メラニンへの情報をシャットダウン！

カミツレエキス

☑ 美容成分
☑ 有効成分
　（承認1999年）
☑ 医薬部外品

その他の効果
保湿、肌荒れ改善

表示名	カミツレ花エキス、カモミラ ET（部外）

配合アイテム　美容液（→ P.57 参照）

メラニンの生成を抑制し、シミを未然に防ぐ

　キク科の植物であるカミツレ（カモミール、カモマイルとも）の花からとれるエキスで、赤褐色をしています。メラニンをつくるよう促す情報伝達物質「エンドセリン」のはたらきを阻害し、メラニンの過剰な生成を抑制することでシミやソバカスを防ぎます。

　表示名にあるカモミラ ET は、化粧品メーカーの花王によって発見され、1999年に医薬部外品の美白有効成分に承認されました。保湿、抗炎症、収れん、殺菌などの効果も期待でき、肌荒れ防止やニキビケアを目的とした化粧品にも配合されます。

カミツレエキスは こう選ぶ

・ 美白作用は期待できるものの、有効成分としては承認されていない

・ 花王が製造するカモミラ ET は、医薬部外品の美白有効成分として唯一、承認されている

COLUMN

花に含まれる「アズレン」はうがい薬にも使われる

ハーブティーやアロマテラピーでもおなじみのカミツレは、古くから薬草として用いられてきました。花に含まれる「カマズレン」「アズレン」「フラボノイド」などの成分には抗炎症作用があり、アズレンはうがい薬の成分としても知られています。また、カミツレの花から抽出される「ビオセルアクト カモミラ B」は、表皮幹細胞の寿命延伸・シワ改善効果が期待されています。

┤ Strength ├	┤ Weakness ├
強み	弱み
美白のほか、保湿、抗炎症、収れん、殺菌など、幅広い効果が期待できる。	有効成分としては承認されていない（カモミラ ET を除く）。

おすすめ こう使ってほしい！

効果的な組み合わせ

カミツレエキス × ローズマリー葉エキス ⇒ P.147

カミツレエキスには、メラニン生成の情報伝達を阻害する効果のほか、ハーブ系によく見られる抗炎症効果もあります。そのため、同じく抗炎症効果をもつローズマリー葉エキスと組み合わせればより強力。敏感肌の人も使える美白ケアに。

プラス +1

美白効果を謳う洗顔料は本当に効果があるの？

いわゆる美白化粧品は、化粧水や乳液、クリーム、美容液などがありますが、中には、美白を謳った洗顔料やクレンジング剤もあります。どんな美白成分が配合されているのかにもよるため一概にはいえないものの、水溶性の美白成分であれば、皮膚に吸収される前に水で洗い流されてしまう可能性大。あまり過大な期待はせず楽しんでください。美白効果を期待するのであれば、美白成分配合の乳液やクリームの使用をおすすめします。

美白

バリエーション豊富な美肌の万能成分

ビタミンC誘導体

☑ 美容成分
☑ 有効成分
☑ 医薬部外品

その他の効果
肌荒れ改善、
エイジング・
毛穴・ニキビケア

表示名	リン酸 L-アスコルビルマグネシウム（部外）、テトラ 2-ヘキシルデカン酸アスコルビル EX（部外）など

配合アイテム

メラニンを無色の別の物質へ変える

ビタミンC（別名L-アスコルビン酸、単にアスコルビン酸とも）に別の物質を結合して安定性を高め、化粧品での効果を発揮しやすくしたものを総称して「ビタミンC誘導体」といいます。

ビタミンC誘導体は、一般的に、皮膚内で分解されてビタミンCになり、メラニンに対して還元作用を発揮する、非常に優れた美白成分です。

ビタミンC誘導体は、各社開発が盛んで、いろいろな種類があります。

> **ビタミンC誘導体は こう選ぶ**

- 3-O-エチルアスコルビン酸以外はメラニン還元が主なはたらきなので、できてしまったメラニンへの対策が必要なときに使う

- 医薬部外品有効成分の開発には、高い技術力と資金が必要なので、各社が自社の技術力の象徴として、特に、ビタミンC誘導体をはじめとする美白有効成分の独自開発には力を入れている

ビタミンC誘導体の種類

COLUMN

ビタミンC誘導体には次のような種類があります。

水溶性：VCエチル（→ P.90 参照）、ビスグリセリルアスコルビン酸（→ P.91 参照）、リン酸 L-アスコルビルマグネシウム（→ P.92 ～ 93 参照）、L-アスコルビン酸 2-グルコシド（→ P.94 参照）

油溶性：テトラ 2-ヘキシルデカン酸アスコルビル EX（→ P.95 参照）

両親媒性：パルミチン酸アスコルビルリン酸 3Na

Strength	Weakness
強み	**弱み**
美白作用のほか抗酸化作用も期待されており、エイジングケアへの応用も。	各社が開発に力を入れているので、同じようなはたらきの成分が、いくつもあって迷う。

おすすめ こう使ってほしい！

効果的な 組み合わせ

 ×

ビタミンC誘導体　×　リンクルナイアシン ⇒ P.108

多数あるビタミンC誘導体の、共通であり第一の機序は、メラニンの生成抑制。この美白効果にエイジングケアを加味するには、シワ改善のはたらきをもつリンクルナイアシンがおすすめです。

抗酸化ならコノ 組み合わせ

 ×

ビタミンC誘導体　×　トラネキサム酸 ⇒ P.98

トラネキサム酸は、もともと肌荒れ改善の有効成分として承認されていましたが、美白効果も追加で承認されました。そのため、この組み合わせで美白の相乗効果が狙えます。肌荒れ改善効果もあるため、敏感肌の人も安心して使えます。

プラス +1

化粧品に配合されるビタミンCは
なぜそのままではダメなの？

美肌や健康維持に欠かせないビタミンCですが、そのままでは短時間で酸素と反応してしまい、肌に塗る前に壊れてしまいます。そのため化粧品では、ほかの物質と結合させて安定性を高めたビタミンC誘導体が用いられることがほとんどです。成分名に「L-アスコルビン酸」「アスコルビン酸」「アスコルビル」が含まれていれば、ビタミンC誘導体の一種と考えていいでしょう。

美白

即効性・持続性が自慢！ 早く効いて、ずっと効いてる

VCエチル

 その他の効果
毛穴・ニキビケア

☐ 美容成分
☐ 有効成分（承認 2004 年）
☑ 医薬部外品

| 表示名 | アスコルビン酸エチル、3-O-エチルアスコルビン酸（部外） | 配合アイテム |

メラニン還元作用でシミ・ソバカスを持続的に抑制

　ビタミンCの別名をL-アスコルビン酸またはアスコルビン酸といいます。VCエチルは、ビタミンCにエチルを結合したビタミンC誘導体の1つです。メラニン生成を遅らせたり、色を薄くしたりする作用があり、シミ・ソバカスを防ぐ成分として医薬部外品の有効成分として承認されています。ほかのビタミンC誘導体は皮膚内で分解されてビタミンCになることで作用を発揮するのに対して、VCエチルはそのままの状態で効果を発揮できるため、即効性・持続性に優れるといわれています。

| Strength |
強み
ほかのビタミンC誘導体に比べて即効性・持続性に優れる。

美容なんでもQ&A

 美白化粧品に、紫外線防止効果はあるの？

 化粧品の美白成分は、紫外線が原因でできるシミやソバカスを防ぐはたらきはありますが、紫外線そのものを防ぐ効果はありません。ただし、美白を謳う化粧品の中には、紫外線防止成分を配合しているものもあります。また、美白成分には、メラニン色素の生成阻害、脱色、排出促進と異なる3つの機能があるので、表示成分や使い方をよく確認して選ぶことが大切です。

美白

最強ビタミンCと鉄板グリセリンが合体！

ビスグリセリル
アスコルビン酸

☑ 美容成分
☐ 有効成分
☐ 医薬部外品

その他の効果

| 保湿、 |
| 抗シワ |

| 表示名 | ビスグリセリルアスコルビン酸 |

配合
アイテム

保水力が高く、乾燥や小ジワのケアにも用いられる

　ビタミンCにグリセリン（→ P.70 〜 71 参照）を結合させた、水溶性ビタミンC誘導体です。メラニンに対して生成抑制・排泄促進・還元作用を発揮し、シミ・ソバカスを防ぎます。

　一般的にビタミンC誘導体は、人によっては肌のつっぱりや乾燥を感じる可能性があります。その点、ビスグリセリルアスコルビン酸はグリセリンを付加しているため、肌の乾燥が気になる人にもおすすめです。乾燥による小ジワの改善や、肌のキメを整える作用も報告されています。

┤ Strength ├
強 み

グリセリンと結合させているため、安定性、保湿性が高い。

┤ Weakness ├
弱 み

医薬部外品の美白有効成分には承認されていない。

おすすめ **こう使ってほしい！**

効果的な 組み合わせ	

ビスグリセリルアスコルビン酸 × セラミド類 ⇒ P.128

ビスグリセリルアスコルビン酸は、ビタミンCに2つのグリセリンが結合したものです。そのため保湿効果が高く、角質細胞のもっとも外側にある膜の成熟を促します。セラミドとあわせることで、より一層、バリア機能が高まります。

保湿ならコノ 組み合わせ	

 ビスグリセリルアスコルビン酸 × アミノ酸 ⇒ P.78

アミノ酸をあわせる目的も、基本的にはセラミドの場合と一緒。あとは、使う人の好みです。セラミドもアミノ酸も、人体がもとからもっている成分であるため、違和感なく使えるでしょう。

美白

VC
エチル／ビスグリセリルアスコルビン酸

美白有効成分、開発競争のトップランナー！

リン酸 L-アスコルビルマグネシウム

☐ 美容成分
☑ 有効成分
☑ 医薬部外品

その他の効果
エイジングケア

表示名	リン酸 L-アスコルビン酸エステルマグネシウム（部外）、リン酸アスコルビル Mg	配合アイテム	

美白に加えて抗酸化作用も有する

　水溶性のビタミン C 誘導体の 1 つです。ビタミン C にリン酸とマグネシウムを結合させることで、肌への浸透性と安定性を高めています。リン酸 L-アスコルビルマグネシウムは 1982 年に医薬部外品の有効成分に承認されており、美白有効成分の中では歴史が古い成分です。

　メラニンを還元する作用によってシミ・ソバカスを防ぐのに加えて、高い抗酸化作用があることから、抗シワ、エイジングケアの成分として配合されることもあります。

（ リン酸 L-アスコルビルマグネシウムは こう選ぶ ）

・ リン酸 L-アスコルビルマグネシウムはメラニンを還元する作用があるので、できてしまったシミ・ソバカスのケアにもおすすめ

・ 同じ水溶性ビタミン C 誘導体の VC エチル（→ P.90 参照）はメラニン生成抑制作用があるので、シミ・ソバカスの予防におすすめ

リン酸 L-アスコルビルマグネシウムについてもっと詳しく！

COLUMN

ビタミン C はとても酸化しやすい物質で、自分が真っ先に酸化することで周囲の成分の酸化を防いでいます。したがって、まわりに酸素があると作用が半減しますが、リン酸 L-アスコルビルマグネシウムのようにリン酸とマグネシウムが結合していると構造が安定し、酸化しにくくなります。そのため、リン酸 L-アスコルビルマグネシウムは角層に長くとどまることができ、効果は 12 時間以上持続するといわれています。

┤ Strength ├

強み

純粋なビタミンCの約8倍、皮膚に取り込まれるといわれる。また、即効性がある。

┤ Weakness ├

弱み

高濃度の製品はカサつきを感じる可能性がある。また、冬期、気温が下がると結晶化することがある。

おすすめ
こう使ってほしい！

効果的な組み合わせ

リン酸 L- アスコルビル
マグネシウム

×

グリチルリチン酸2K
⇒ P.154

プラスαに肌荒れ防止を求めるのなら、グリチルリチン酸2Kとの組み合わせがおすすめです。収れん系のサラッとした使い心地ながら、肌にしみわたる肌荒れケア＆美白の、Wケアが狙えます。

リン酸 L ー アスコルビルマグネシウム

プラス
+1

緑茶飲料にビタミンCが入っている理由とは？

ペットボトルの緑茶飲料を買ったら、栄養成分表示をチェックしてみてください。「ビタミンC」と書かれているはずです。なぜ、わざわざビタミンCを添加しているのでしょうか。実はこれ、酸化防止のためなのです。左ページでも説明したように、ビタミンCは酸化しやすいという性質があります。ビタミンCを配合するとビタミンCがまず酸化するため、結果として、お茶そのものの酸化が防げるというわけです。

持続性と安定性に優れた美白成分の実力派

L-アスコルビン酸 2-グルコシド

□ 美容成分
☑ 有効成分（承認 1994 年）
☑ 医薬部外品

表示名	アスコルビルグルコシド、L-アスコルビン酸 2-グルコシド（部外）

メラニンへの作用が長時間続く

ビタミンCにグルコース（ブドウ糖）を結合させて、水溶性と安定性を高めたビタミンC誘導体です。皮膚に吸収されるとグルコースが離れてビタミンCとなり、メラニンに対して生成抑制・排泄促進・還元作用を発揮します。VCエチル（→ P.90 参照）、ビスグリセリルアスコルビン酸（→ P.91 参照）、リン酸 L-アスコルビルマグネシウム（→ P.92 ～ 93 参照）と同じ水溶性ビタミンC誘導体ですが、水溶性の中でもっとも安定性も持続性も高いといわれています。

---| Strength |---
強み
安定性、持続性ともに高い。

---| Weakness |---
弱み
ほかの水溶性ビタミンC誘導体に比べると、やや肌に浸透しにくい。

---- DATA ----

チロシナーゼとは、アミノ酸の1つ・チロシンを酸化し、さらにいくつかの工程を経て、メラニンをつくりだす酵素です。メラニン色素をつくるメラノサイトがもっています。

肌は、紫外線や大気汚染、ストレス、喫煙などで刺激を受けると、活性酵素が表面に発生し、メラノサイトへ情報伝達物質が送られます。このとき、活性化するのがチロシナーゼで、チロシナーゼが活性化すると、チロシンが黒色メラニンに変化します。美白有効成分のもつはたらきの3つのうち、「つくらせない（メラニン生成抑制）」は、チロシナーゼを無力化することで達成されます。

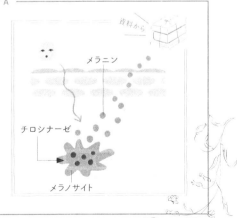

資料から

メラニン

チロシナーゼ

メラノサイト

保湿力と美白効果のいいとこどり！

テトラ2-ヘキシルデカン酸アスコルビルEX

☑ 美容成分
☑ 有効成分
☑ 医薬部外品

その他の効果

ニキビケア

表示名	テトラヘキシルデカン酸アスコルビル

配合アイテム

ビタミンC誘導体にはめずらしい油溶性

　ビタミンCにヘキシルデカン酸を結合させた、油溶性のビタミンC誘導体です。皮膚に吸収されるとヘキシルデカン酸が離れてビタミンCとなり、メラニンを生成抑制・排泄促進・還元してシミ・ソバカスを防ぎます。

　また、水溶性ビタミンC誘導体では配合しにくい、油分量の多いクリームやオイルなどの製品にも配合しやすいため、しっとりとした使用感を出しやすく、幅広い化粧品に使われています。

┤ Strength ├
強み

油溶性なのでクリームなど油を多く使う化粧品に配合しやすく、しっとりした使用感を得られる。

┤ Weakness ├
弱み

水溶性ビタミンC誘導体に比べると、ビタミンCの含量は少なくなる。

ならコレ！

ビタミンC誘導体がすみずみにまで巡る

テトラ2－ヘキシルデカン酸アスコルビルEXをはじめ、皮膚科学に基づいて厳選した3種のビタミンC誘導体を配合。そのパワーを最大限にサポートする成分も贅沢に使ったすみずみまで浸透する高機能化粧水。

テトラ2－ヘキシルデカン酸アスコルビルEX配合

RF28
スーパー VC160
エッセンス
ローション
（桃谷順天館 RF28）
150mL ¥5,500

美肌の底力を引き出す " 縁の下のチカラ持ち "

プラセンタエキス

□ 美容成分
☑ 有効成分
☑ 医薬部外品

その他の効果

保湿

表示名	プラセンタエキス、加水分解ウマプラセンタ、サイタイエキス

配合アイテム

美白、保湿、代謝促進などマルチにはたらく

「プラセンタ」は英語で「胎盤」を意味します。その名のとおりブタ、ヒツジ、ウマなどの動物の胎盤から抽出・精製したエキスで、色は淡黄色〜黄褐色です。精製方法により違いますが、多種のビタミン類、アミノ酸類、ミネラル類、酵素などが含まれており、肌の代謝を高めることでメラニンの排出を促進し、シミ・ソバカス、色素沈着を防ぐ効果があります。また、保湿効果もあり、肌荒れ防止やハリ・弾力アップ、乾燥ケアの目的で、幅広い化粧品に配合されています。

プラセンタエキスは こう選ぶ

・ ブタプラセンタがもっともメジャーで、安全性や効果が高い

・ ウマプラセンタは北海道産サラブレッド由来など、産地や馬種にこだわったものもあって楽しみの1つ

COLUMN

プラセンタエキスの種類についてもっと詳しく!

●ヒト由来 （表示名称：ヒトプラセンタエキス）
　ヒトの胎盤由来のエキス。細胞増殖や修復が期待できますが、取り扱いは医療機関のみとなっています。

●海洋性 （表示名称：海洋性プラセンタ、加水分解サケ卵巣エキス）
　魚卵の卵巣膜からプラセンタに似た成分を抽出したもの。アミノ酸やコラーゲン類、ヒアルロン酸が豊富です。

●植物性 （表示名称：植物性プラセンタ、メロン胎座エキス、ダマスクバラ胎座培養エキス）
　メロンやバラの胎座（めしべの子房の中で、胚珠がついているところ）から抽出されるプラセンタ擬似エキス。豊富な栄養素が期待できます。

┤ Strength ├	┤ Weakness ├
強み	**弱み**
古くから医薬品として応用されてきた。美白有効成分としての歴史も長い。	ヒトプラセンタは医薬品のみに承認された成分なので、サプリメントや化粧品には利用できない。

おすすめ **こう使ってほしい！**

効果的な 組み合わせ		プラセンタエキスは胎盤の抽出液です。そのため、ビタミン類やアミノ酸など、さまざまな成分が含まれていて栄養価が高いのが特徴。ヒアルロン酸の伸びや厚みのある使用感を味方につけて、保湿力を強化してみては。
プラセンタ	✕　　ヒアルロン酸類 ⇒P.72 ～ 73	
エイジングケアならコノ 組み合わせ		プラセンタエキスには保湿効果や抗炎症、美白効果があります。さらに純粋レチノールで抗シワ、エイジングケアを補強すると◎。多機能でマルチなケアが実現します。
プラセンタ	✕　　純粋レチノール ⇒P.104 ～ 105	

プラス **+1**

ヒト由来のプラセンタは医療の現場でも活躍！

ヒト由来のプラセンタは、肝臓の治療や更年期障害改善の治療にも使われています。皮下または筋肉注射で投与されるのが一般的です。このほか、<u>シワやほうれい線の改善、美肌、育毛など</u>を目的に美容クリニックで利用されることもあります。ただし、この場合、自由診療となり、診療費は全額自己負担です。また、プラセンタ注射を一度でも行うと献血ができなくなります。

美白だけじゃない！　肌荒れ、肝斑もおまかせ

トラネキサム酸

□ 美容成分
☑ 有効成分
　（承認 2002 年）
☑ 医薬部外品

その他の効果
肌荒れ
改善

表示名	m-トラネキサム酸	配合アイテム		

メラニン色素生成誘導因子を抑制し、美白効果を発揮

　人工的につくられたアミノ酸の一種です。もともと、肌荒れ改善の有効成分として承認されていましたが、2002 年に美白有効成分としても追加で承認されました。

　メラニン色素生成誘導因子「プロスタグランジン」を抑制することで、シミ・ソバカスを防ぎます。なお、m-トラネキサム酸（資生堂）、トラネキサム酸（ロート製薬）などとメーカーによって、多少呼称が異なりますが、同じトラネキサム酸です。

Strength 強み

肌荒れ抑制にも効果がある。

Weakness 弱み

医薬品の成分に該当するため、医薬部外品への配合は認められているが化粧品へは認められていない。

おすすめ　## こう使ってほしい！

効果的な組み合わせ

トラネキサム酸　　　　グリチルリチン酸2K　⇒ P.154

　トラネキサム酸は、刺激伝達をブロックし、炎症を改善することでメラニン生成抑制にはたらきかけます。そのため、肌荒れ防止効果も認められているのです。さらに肌荒れが気になる人は、グリチルリチン酸 2K を合わせて徹底的にケアを。

化粧品成分事典

美白

Chapter 3

天然ポリフェノールの底力発揮！

エラグ酸

☐ 美容成分
☑ 有効成分
　（承認 1996 年）
☑ 医薬部外品

表示名	エラグ酸	配合アイテム	

美白

トラネキサム酸／エラグ酸

チロシナーゼの銅イオンを奪い、シミを防ぐ

　天然ではマメ科植物のタラのほか、イチゴなどのベリー類やリンゴ、ユーカリ、茶などにも含まれる成分で、ポリフェノールの一種です。化粧品には、タラの実のさやから抽出した化合物が用いられます。

　コウジ酸（→ P.84 〜 85 参照）と同様に、チロシナーゼがはたらくのに必要な銅イオンを奪ってメラニン色素の生成を抑制する作用があり、1996 年、医薬部外品の美白有効成分に承認されました。開発したのは生活用品メーカーのライオンですが、現在はほかのメーカーの製品にも使われています。

┤ Strength ├
強み

美白効果のある有効成分として厚生労働省に承認されている。

┤ Weakness ├
弱み

水に溶けにくく、化粧品への配合には技術を要する。

美容なんでも Q&A

Q : 「シミ」と「ソバカス」、どう違うの？

A : どちらもたくさんつくられたメラニン色素が沈着し、肌の色が茶色になる現象です。ただし、「ソバカス」は小さな星型で、色素沈着の境界線がはっきりしています。一方、「シミ」は境界線がぼんやりしていて形も決まっていません。原因は紫外線のダメージのほか、ソバカスには遺伝子の影響、シミにはホルモンやストレスなどの影響もあるとされています。

30年以上のキャリアを誇る

美白

ルシノール

|

表示名： 4-n-ブチルレゾルシノール
（部外）

強み チロシナーゼのはたらきを阻害する効果が高い。

弱み 配合されている製品はさほど多くなく、選択肢が少ない。

モミの木に含まれる成分をヒントに、化粧品メーカーのポーラが開発した医薬部外品の美白有効成分です。メラニンの生成を促進する酵素「チロシナーゼ」（→ P.94 参照）のはたらきを阻害し、シミ・ソバカスを防ぎます。チロシナーゼ阻害効果はアルブチン（→ P.82 ～ 83 参照）やコウジ酸（→ P.84 ～ 85 参照）より高いという報告もあります。

植物パワーが"白"を保つ

美白

マグワ根皮

|

表示名： マグワ根皮エキス、
クワエキス（部外）

強み チロシナーゼ阻害効果があり、シミ・ソバカスを予防する。

弱み できてしまったシミ・ソバカスを改善する効果はあまり期待できない。

クワ科植物のマグワの根皮から得られる植物エキスです。フラボノイドやクマリンなどの成分を含んでおり、メラニンの生成を促進するチロシナーゼのはたらきを抑制し、シミ・ソバカスを防ぐ効果があります。根の皮が白いことから、「桑白皮（ソウハクヒ）」とも呼ばれます。ほかに抗酸化作用、消炎効果、育毛効果などもあります。

美白有効成分アルブチンを含む

美白

コケモモ果実エキス

|

表示名：コケモモ果実エキス

強み 美白有効成分「アルブチン」と似た作用を期待できる。

弱み 配合されている製品はさほど多くないため、選択肢が少ない。

北欧の北極圏やカナダなどに数多く自生するコケモモ（リンゴンベリー）の果実から抽出したエキスです。医薬部外品の美白有効成分に承認されているアルブチン（→ P.82 ～ 83 参照）を含んでいます。アルブチンは、メラニンの生成を促進する酵素「チロシナーゼ」にはたらきかけてメラニンの生成を抑制し、シミをつくらないようにする機序をもっており、開発したのは化粧品メーカーの資生堂です。当初、アルブチンを配合できるのは資生堂の製品だけでした。そこで、他社メーカーが美白のイメージをもつ成分として重宝したのが、はたらきがアルブチンに似たコケモモ果実エキスです。現在は他社もアルブチンを利用できるようになり、コケモモ果実エキスは下火になりつつあります。

保湿と美白の W 効果が期待できる！

リノール酸

—

表示名： リノール酸（部外）

| 強 み | 肌へのなじみが良く、保湿と美白の W の効果が期待できる。 |
| 弱 み | リノール酸が高濃度で配合された製品は肌への刺激が強い可能性がある。 |

サフラワー油やヒマワリ油などの植物油から抽出される成分で、食べ物からの摂取が不可欠な「必須脂肪酸」でもあります。角層の水分の蒸発を防ぎ、肌を柔軟にする効果があることから、化粧品においては保湿を目的とした製品に配合されてきました。しかし近年、美白効果もあることが報告され、美白化粧品に用いられるケースも増えています。なお、「リノレックS」の愛称で知られるリノール酸Sは、サンスターが開発した医薬部外品の美白有効成分です。これは、ベニバナ油などから得られるリノール酸にヒントを得て、特殊な処理を施して生成した成分です。リノール酸、リノール酸Sともにメラニンの生成を促進するチロシナーゼを分解し、シミ・ソバカスを防ぎます。

美白

資生堂が開発した美白有効成分

4MSK

—

表示名： 4-メトキシサリチル酸カリウム塩（部外）

| 強 み | メラニンの生成を抑制するだけでなく排出も促進する。 |
| 弱 み | 資生堂の製品にのみ配合されているため製品の選択肢は少なめ。 |

化粧品メーカーの資生堂が開発した、サリチル酸（→ P.138 参照）の誘導体です。チロシナーゼの活性を抑えてメラニン生成を抑制するのに加えて、肌のターンオーバーを促進してたまったメラニンを排出する作用もあるのが特徴。2003年に医薬部外品の美白有効成分に承認されました。

美白

肌の代謝を上げてメラニンを追い出す！

エナジーシグナル AMP

—

表示名： アデノシンーリン酸ニナトリウム OT（部外）

| 強 み | 肌の代謝を促してメラニンを排出し、シミ・ソバカスを防ぐ。 |
| 弱 み | 大塚製薬の製品にのみ配合されているため選択肢は少なめ。 |

植物の種子や球根など成長エネルギーを要するものに含まれる物質「AMP（アデノシンーリン酸）」にヒントを得て、製薬メーカーの大塚製薬が開発した成分です。肌の細胞の代謝を高めてターンオーバーを促し、古くなった細胞とともにメラニンを排出します。2004年に医薬部外品の美白有効成分に承認されました。

美白

美白

その他の成分

加齢によるシワやたるみにアプローチ

エイジングケア

シワやたるみの原因はコラーゲンやエラスチンの変性

　ハリを失ったり、シワやたるみを引き起こしたりする原因は、表皮のさらに奥、真皮が受けるダメージ。真皮はコラーゲンやエラスチンが網の目状に張りめぐらされ、弾力を保っていますが、紫外線や外的刺激、ストレスなどのダメージを受けると、コラーゲンらが変性してシワやたるみの原因となります。加齢による代謝の低下で肌の再生が遅れることも、要因として重なります。

　いきいきとした肌を手に入れるには、早めに対処することが大切です。20代のうちから意識してケアをはじめることが、将来の肌を守ることにつながるでしょう。

抗シワ

シワの原因は真皮が受けるダメージ。エラスチン・コラーゲンの分解を抑えるニールワン、バリア機能改善やコラーゲンの産生を促進するリンクルナイアシン、ヒアルロン酸の産生を促進する純粋レチノールといった成分がシワを改善する有効成分として開発されています。

純粋レチノール
⇒ P.104

ニールワン
⇒ P.106

リンクルナイアシン
⇒ P.108

再 生

加齢により代謝が低下すると、ターンオーバーが遅れて肌の生まれ変わりが鈍化します。そこにアプローチするのが肌細胞の産生をサポートする成分。最近では、再生研究の技術で成長因子、サイトカインやビタミン、アミノ酸などを豊富に含む幹細胞培養液に注目が集まっています。

幹細胞培養液
⇒ P.119

抗酸化と抗糖化

エイジングケアを語るうえで欠かせない考え方が、ご存じ「抗酸化」。近年、そこに「抗糖化」が加わりました。

エイジングケア

抗酸化

紫外線やストレス、喫煙などで発生する「活性酸素」は、真皮のコラーゲンやエラスチンを破壊し、シワやたるみの原因になるだけでなく、全身の細胞にダメージを与えます。

その傷を修復したり、活性酸素自体を無毒化したり、そもそもつくらせないという作用が「抗酸化」です。もともと人間の体に備わっている力ですが、20歳をピークに減り続け、40歳以降はその減少スピードが加速するといわれています。

衰えた「抗酸化」の力を補うには、アスタキサンチンやαリポ酸など、抗酸化作用のある成分が配合された化粧品を活用したり、食品やサプリメントとして摂取したりすることが助けとなります。

（アスタキサンチン）
⇒ P.116

（αリポ酸）
⇒ P.118

抗糖化

糖類が、たんぱく質や脂質と結合する化学反応を糖化といいます。糖化によって生成される成分は最終糖化生成物（Advanced Glycation Endproducts / 略称AGEs）と呼ばれています。

真皮にあるコラーゲンやエラスチンなどの線維もたんぱく質なので、糖化によって別のものに変えられてしまいます。これによって肌はうるおいや弾力を失ってシワやたるみを引き起こしたり、褐色の糖化生成物によってくすみを生じたりすると考えられています。

化粧品成分では、「糖とたんぱく質の結合を阻害する」「結合してしまった糖とたんぱく質を切断する」「結合した糖とたんぱく質がAGEsに変化していくのを阻害する」「AGEsを分解する」という4つのはたらきが注目されていますが、抗糖化はここ数年で研究が進んでいる分野。今後もさまざまな成分や考え方が出てくるでしょう。

（セイヨウオオバコ）
⇒ P.120

守って良し、攻めて良し！ 美容成分界の"二刀流"

純粋レチノール

□ 美容成分
☑ 有効成分
　（承認 2017 年）
☑ 医薬部外品

その他の効果
保湿、肌
荒れ改善

表示名	レチノール	配合アイテム	

肌荒れケア、保湿のほかシワを改善する効果も

　ビタミン A の一種です。皮膚や粘膜のターンオーバーを促進する作用があり、肌荒れケア、保湿を高める目的で配合されます。また、化粧品メーカーの資生堂の研究により、レチノールがヒアルロン酸の産生を促進し、皮膚の水分量を増やすとともに真皮のコラーゲン密度を高めてシワを改善することが判明。2017 年に医薬部外品の抗シワ有効成分に承認されました。なお、シワ改善効果が認められた資生堂のレチノールは、ほかと区別するために「純粋レチノール」と呼ばれます。

（ **レチノールは こう選ぶ** ）

・ 厚生労働省より「シワを改善する」効能効果の承認を受けたレチノールは、資生堂のレチノール（純粋レチノール）だけ。レチノール配合の化粧品に抗シワ効果を望む場合は、資生堂のレチノール配合製品を選ぶと良い

COLUMN

ビタミン A についてもっと詳しく！

ビタミン A に関連する成分には、次のような種類があります。

●**ビタミン A 誘導体**
　ビタミン A を安定化したもの。皮膚内でレチノールに変わります。パルミチン酸レチノール、酢酸レチノールがありますが、どちらも抗シワの改善効果は認められていません。

●**レチノール**
　レチノールだけでなく、レチノールを含む各種ビタミン A が溶けた「ビタミン A 油」があります。ビタミン A 油は肌の水分保持力を向上させます。

●**トレチノイン**
　ビタミン A 誘導体の 1 つで、その活性はビタミン A の約 50 ～ 100 倍であるといわれます。医薬品の成分なので化粧品には配合禁止です。

┤ Strength ├	┤ Weakness ├
強 み	**弱 み**
保湿、肌荒れ改善、抗シワなど多方面に効果を発揮する。	敏感肌の人は稀に肌への刺激を感じることがある。また、シワ改善には継続的な使用が必要。

おすすめ **こう使ってほしい！**

効果的な組み合わせ	
 純粋レチノール ✕ スクワラン ⇒ P.76	レチノールはもともと、安定性を保つのが難しい成分です。そこで、スクワランなど、油脂と組み合わせてクリーム剤にしてみましょう。安定性も高まり、シワ改善にも効果的です。
エイジングならコノ組み合わせ	
VITAMIN A ✕ ヒアルロン酸類 ⇒ P.72 純粋レチノール	ヒアルロン酸には被膜効果があるため、レチノールに合わせることで、ハリ感を強化。エイジングケアの効果を倍増してくれる、実感の得やすい組み合わせであるといえます。

エイジングケア　純粋レチノール

プラス
+1

美白イメージの強いビタミンＣは
エイジングケア成分でもある

シワや肌が老化する原因はさまざまですが、その１つに、活性酸素による皮膚の酸化があります。つまり、酸化を防ぐことができれば、シワの発生や肌の老化を抑えることができるのです。P.88～89で取り上げたビタミンＣ誘導体は、美白効果のイメージが強い成分ですが、その抗酸化作用から、エイジングケア成分としても注目されています。

エイジング
ケア

抗シワ有効成分に認められた"期待の新人"

ニールワン

☐ 美容成分
☑ 有効成分
　（承認 2016 年）
☑ 医薬部外品

表示名	三フッ化イソプロピルオキソプロピルアミノカルボニルピロリジンカルボニルメチルプロピルアミノカルボニルベンゾイルアミノ酢酸 Na	配合アイテム	

ポーラが開発した、抗シワの新規成分

　化粧品メーカーのポーラが開発した、4つのアミノ酸誘導体で構成された成分です。「ニールワン」の愛称で知られており、2016 年に日本ではじめて、医薬部外品の抗シワ有効成分に認められました。

　皮膚ではつねに細胞の生成と分解が行われていますが、年齢を重ねると分解のスピードが生成のスピードを上回ります。ニールワンは、コラーゲンやエラスチンなどの真皮成分を分解する好中球エラスターゼのはたらきを抑制して、真皮成分の分解を食い止めることでシワを改善します。

ニールワンは こう選ぶ

・ ポーラが独自開発した成分。ニールワンを使いたければポーラの化粧品しかない

---- D A T A ----

シワの原因・好中球
エラスターゼを狙い撃ち!

　好中球エラスターゼとは、たんぱく質を分解するプロテアーゼ（→ P.139参照）の一種で、真皮成分を分解する酵素です。ニールワンは、この好中球エラスターゼをロックする成分で、4つのアミノ酸誘導体でできています。真皮成分の分解がシワの一因。これを的確に捉え、肌の奥深くの真皮にまでしっかりと浸透するのがニールワンという成分です。シワの改善を促す医薬部外品有効成分「ニールワン」は日本初承認(2016年)。リンクルショット メディカル セラム（→ P.3参照）は、このニールワンを配合した、史上初のシワ改善薬用化粧品です。

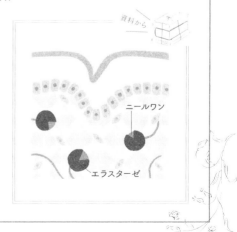

⊨ Strength ⊨	⊨ Weakness ⊨
強み	**弱み**
抗シワ成分として画期的で、唯一無二の存在。	絶対的価値があるため、それなりの値段がつけられている。

抗シワの歴史年表

化粧品の効果に「乾燥による小ジワを目立たなくする」が認められたのは 2011 年。意外と最近のことなのです。その後、ポーラが「ニールワン」ではじめて医薬部外品のシワ改善有効成分としての承認を得ました。

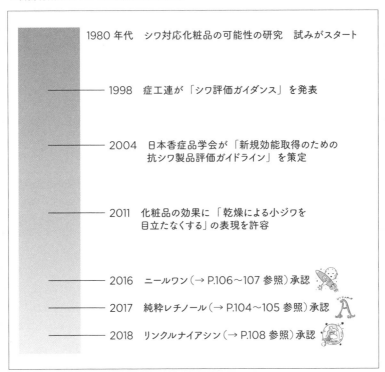

1980 年代　シワ対応化粧品の可能性の研究　試みがスタート

1998　症工連が「シワ評価ガイダンス」を発表

2004　日本香症品学会が「新規効能取得のための
　　　 抗シワ製品評価ガイドライン」を策定

2011　化粧品の効果に「乾燥による小ジワを
　　　 目立たなくする」の表現を許容

2016　ニールワン（→ P.106〜107 参照）承認

2017　純粋レチノール（→ P.104〜105 参照）承認

2018　リンクルナイアシン（→ P.108 参照）承認

エイジングケア　ニールワン

肌荒れ、美白、シワに効く"三冠王"

リンクルナイアシン

□ 美容成分
☑ 有効成分
（承認 2018 年）
☑ 医薬部外品

その他の効果
美白、肌
荒れ改善

表示名	ニコチン酸アミド（部外）、ナイアシンアミド	配合アイテム	

2018 年にシワ改善の効能効果が追加で認められた

　ビタミン B 群の一種です。もともと医薬部外品の美白有効成分、肌荒れ有効成分として多くの化粧品に配合されていましたが、化粧品メーカーのコーセーや P&G が表皮と真皮への作用を見出し、2017 ～ 2018 年にかけて「シワを改善する」効能効果も追加承認されました。医薬部外品に美白または肌荒れ防止の有効成分として配合されている場合は医薬部外品表示に「ニコチン酸アミド」、シワ改善有効成分として配合される場合は P&G は「ニコチン酸アミド W」、コーセー、花王、カネボウは「ナイアシンアミド」と表示しています。

┤ Strength ├
強 み

レチノール、ニールワンは油溶性だが、ナイアシンアミドは水溶性で化粧水やジェルにも配合可能。

┤ Weakness ├
弱 み

即効性はないので、シワの改善には継続的な使用が必要。

おすすめ こう使ってほしい！

効果的な 組み合わせ

リンクルナイアシン

×

アルブチン
⇒ P.82

リンクルナイアシンは、メラノソーム（メラニンが詰まったもの）の輸送を阻害する成分。一方、アルブチンはメラニンの生成を直接、抑制するため、組み合わせることで「阻害して」→「つくらせない」という最強美白効果が期待できます。

スペイン生まれの " 塗るボトックス "

アルジルリン

☑ 美容成分
☐ 有効成分
☐ 医薬部外品

表示名	アセチルヘキサペプチド -8	配合アイテム	

表情筋を緩和してシワをできにくくする

アミノ酸が結合してできた、ペプチド成分です。

表情ジワ（目尻・眉間・額などの筋肉が大きく動く部分にできるシワ）の原因となる物質の分泌を抑えて表情筋をリラックスさせ、シワを予防・改善する作用が期待されています。ボツリヌス菌を用いた「ボトックス注射」と似た効果が期待できることから、" 塗るボトックス " とも呼ばれています。

表情筋をゆるめる効果が期待できる美容成分はほかに、パルミトイルペンタペプチド-4 があります。

┤ Strength ├	┤ Weakness ├
強 み	**弱 み**
表情ジワへの効果が期待できる。	美容外科で人気のボトックス注射のような即効性はない。

美 容 なんでも Q&A

Q : 皮膚のターンオーバーについて わかりやすく教えてください

A : 肌の表皮細胞が定期的に生まれ変わるしくみです。肌のいちばん外側の「表皮」は、4つの層からなっています。いちばん内側の基底層でつくられた新しい細胞が肌の外側に向かって押し上げられ、いちばん外側の角層に到達。最後に垢となってはがれ落ちます。この再生のしくみをターンオーバーと呼びます。周期は個人差がありますが、平均的には 4〜 6週間かかるといわれています。

発見者はノーベル賞を受賞。美肌界の新星

フラーレン

☑ 美容成分
☐ 有効成分
☐ 医薬部外品

| 表示名 | フラーレン | 配合アイテム | |

活性炭のように活性酸素を吸着する

60個の炭素が、サッカーボール状に並んだ成分で、炭素鉱物にも存在します。発見者は、1996年にノーベル化学賞を受賞しました。老化の原因となる活性酸素などを吸着し、無害化する作用が報告されており、その抗酸化力はビタミンCの100倍以上ともいわれています。そのため化粧品では、シワの予防・改善、エイジングケアを目的に配合されます。その特殊な構造から、抗酸化力が低下しにくいのも特徴です。

(フラーレンは こう選ぶ)

・ 化粧品に配合されているフラーレンの多くは合成物だが、近年、植物由来のものも登場。その製造工程はSDGsにも配慮されている

COLUMN

フラーレン配合化粧品の種類

フラーレンを配合した化粧品は7種類に分けられ、それぞれ、規定量以上配合されているものには次のようなマークが表示されています。

| L.F. | | V.F. |

RSマーク　　　LFマーク　　　MFマーク　　　VFマーク

S.F.　　H.F.　　Natural Fullerene

SFマーク　　HFマーク　　植物由来フラーレンのロゴ

┤ Strength ├
強み

ほかの抗酸化成分に比べて安定性と持続性が高い。紫外線にも強い。

┤ Weakness ├
弱み

化粧品にはそのまま配合できないため、安定化する必要がある。

おすすめ **こう使ってほしい！**

効果的な 組み合わせ	
 フラーレン	× ビタミンC誘導体 ⇒ P.88

フラーレンは、抗酸化成分にはめずらしく、自分が犠牲にならないタイプ。そのため、組み合わせた成分のパワーを効果的に発揮させられる縁の下の力持ち。ビタミンC誘導体からは、その美白効果、抗くすみ効果を最大限に引き出してくれます。

抗酸化ならコノ 組み合わせ	
 フラーレン	× セラミド類 ⇒ P.128

例えばセラミドなら、バリア機能改善に圧倒的な力を発揮します。フラーレンと組み合わせることにより、そのはたらきをより強化することができます。エイジングケアとして、オールラウンドに戦える組み合わせです。

エイジングケア　フラーレン

プラス
+1

目のまわりにシワができやすいのはなぜ？

目尻のシワを「カラスの足跡」ともいい、老化のサインと捉える人も多いようです。目のまわりは、皮膚の厚みがほかの部位よりも薄くなっています。そのため、紫外線など外部環境の影響を受けやすいという特徴があります。また、もともと皮脂分泌量が少ないため乾燥しやすく、まばたきによって皮膚が引っ張られて変性が起きやすいという特徴も。こうした理由から、目のまわりにはシワができやすいのです。

プラチナパワーで活性酸素と戦う"美肌戦士"

白金ナノコロイド

☑ 美容成分
☐ 有効成分
☐ 医薬部外品

表示名	コロイド性白金、白金	配合アイテム	

11 種類の活性酸素を半永久的に除去

　化学反応を利用して、白金（プラチナ）を数ナノメートル（1ナノメートルは10 億分の1メートル）にまで小さくしたもの。原料は黒色の液体です。

　活性酸素は 11 種類あるといわれますが、多くの抗酸化物質（ビタミン C 誘導体やユビキノンなど）は、そのうちのいくつかの活性酸素しか除去できません。しかし、白金ナノコロイドは 11 種類ある、すべての活性酸素を除去することができるといわれています。

　また、白金は酸化しないため、抗酸化作用が半永久的に続くのも特徴です。

（ 白金ナノコロイドは こう選ぶ ）

・ 抗酸化作用をもつ成分の多くは、そのものが酸化しやすいため保管に注意が必要。一方、白金ナノコロイドは酸化しないため保管が比較的容易で、抗酸化作用のある化粧品を手軽に使いたい人におすすめ

COLUMN

金属入りの化粧品、アレルギーは大丈夫？

化粧品の中には、白金ナノコロイドのように金属を配合したものがあります。金箔入りの化粧品もその1つです。金属配合と聞くと金属アレルギーを心配される人もいるかもしれませんが、プラチナや金、銀などの貴金属は安定性が非常に高く、金属アレルギーの原因といわれるイオン化が起こりにくいといわれています。肌に直接触れるアクセサリーに、金・銀・プラチナはよく使われているので、自身の肌にあう、あわないは、比較的判断しやすいかと思います。

<table>
<tr><td>

┤ Strength ├

強 み

11 種類あるといわれるすべての活性酸素を除去、半永久的に抗酸化作用を発揮。

</td><td>

┤ Weakness ├

弱 み

黒色の液体なので、高配合すると製品の見た目に影響が出てしまう。

</td></tr>
</table>

活性酸素は肌以外にも影響を及ぼす

物質が酸素と反応して、別の物質に変わることを「酸化」といいます。酸素の中でも、特にほかの物質と反応しやすいのが「活性酸素」です。活性酸素はスーパーオキシド、過酸化水素、一重項酸素、ヒドロキシラジカルなど 11 種類があり、私たちの体内でつねに発生し、年齢とともに増えるといわれています。活性酸素は細胞を傷つけ、肌に老化をもたらすだけでなく、さまざまな健康への影響も懸念されており、サプリメントでも抗酸化（→ P.103 参照）はテーマの 1 つになっています。

●活性酸素の種類と特長

弱い ↑

スーパーオキシド	・体内で最も多い ・金属原子と結合するとヒドロキシラジカルに変化する ・体内で、最初に発生する ・細菌やウイルスから体を守ってくれる ・善玉活性酸素
過酸化水素	・酸素と水の結合で発生する ・基本は善玉だが、化学的に不安定なため、悪玉に変化することも
一重項酸素	・紫外線によって皮下組織に発生する ・たんぱく質や脂肪を破壊し、肌のたるみの原因にも
ヒドロキシラジカル	・もっとも老化を促進させる活性酸素 ・非常に強い酸化作用をもつ ・悪玉活性酸素の代表的存在

↓ 強い

汎用性が高く人気健在！

コエンザイムQ10

☑ 美容成分
☐ 有効成分
☑ 医薬部外品

その他の効果

保湿

表示名	ユビキノン、ユビデカレノン（部外）	

高い抗酸化作用で肌の老化と戦う

　細胞内のミトコンドリアの内膜に存在し、エネルギー代謝にかかわる補酵素です。活性酸素による酸化を抑制し、細胞の老化を防ぐはたらきがあります。

　2004年に化粧品への配合が認められると、エイジングケア成分として一躍ブームとなりました。現在も、紫外線によるシワ、乾燥による小ジワのケアを目的とした幅広い化粧品に使用されています。

　このほか、サプリメントや食品にも配合されています。原料は黄色〜オレンジ色の粉体です。

コエンザイムQ10 は こう選ぶ

・ 抗酸化成分のビタミンCやビタミンEを同時に配合すると作用が高まるといわれているため、ビタミンC誘導体（→ P.88 〜 89 参照）やビタミンE（ビタミンE誘導体→ P.120 参照）も配合されている製品を選ぶと良い

コエンザイムQ10 についてもっと詳しく！

COLUMN

コエンザイムQ10 は、医薬品または医薬部外品では「ユビデカレノン」と表示されます。医薬品の内服薬としてのユビデカレノンは、うっ血性心不全症状の治療に用いられ、息切れ、息苦しさなどを改善します。サプリメントにも配合されており、この場合は、肌細胞の活性化や肉体的疲労感・精神的疲労感の軽減が期待されています。

<table>
<tr><td>

┤ Strength ├
強み

高い抗酸化力をもち、乾燥による小ジワの改善効果が期待できる。

</td><td>

┤ Weakness ├
弱み

化粧品への配合上限濃度は 0.03 ％となっており、粘膜に使用する化粧品には配合できない。

</td></tr>
</table>

おすすめ こう使ってほしい！

効果的な 組み合わせ	
  コエンザイム Q10 　× 　 純粋レチノール ⇒ P.104	コエンザイム Q10 は、医薬品成分なので、配合量に上限があります。そのため、ほかの成分を足すことで全体の効果を底上げ。例えば、少量でもはたらくコエンザイム Q10 にレチノールを合わせれば、全方位型のエイジングケアに。
エイジングケアならコノ 組み合わせ	
  コエンザイム Q10 　× 　 フラーレン ⇒ P.110	コエンザイム Q10 の高い抗酸化に、フラーレンをプラス。これでもう、〝錆びる〟恐怖から解放されます！ 抗シワへのはたらきも損なうことなく、エイジングパワーを発揮してくれます。

エイジングケア

コエンザイム Q10

プラス
+1

表皮ジワと真皮ジワ　原因と違い

●表皮ジワ
表皮にできるシワで、いわゆる〝ちりめんジワ〟もこれに該当します。目や口の周辺にできやすく、角層の乾燥が主な原因です。保湿ケアによって改善できる可能性があります。

●真皮ジワ
頬や額、首元にできる長くて深い、はっきりとしたシワが真皮ジワです。加齢や光老化（紫外線によるダメージを受けて起こる老化）により、コラーゲンやエラスチンでつくられた真皮の構造がゆるんだり、断裂したりすることで起こります。真皮ジワを消す場合は、美容医療で処置するしかありませんでしたが、シワを改善する医薬部外品有効成分の登場によって、塗ることでの改善も期待できるようになりました。

一重項酸素を除去する"赤い彗星"

アスタキサンチン

☑ 美容成分
☐ 有効成分
☑ 医薬部外品

その他の効果
肌荒れ改善、美白

| 表示名 | アスタキサンチン、ヘマトコッカスプルビアリスエキス |

配合アイテム

強力な抗酸化作用と美白効果を期待できる

　サケや、エビ、カニ、紅藻類などに含まれているカロテノイド（赤色の色素）の一種です。

　脂質を酸化させ、またコラーゲンを分解することでシワの原因ともなる一重項酸素（活性酸素の一種→P.113参照）を除去する作用があります。その抗酸化作用は、ビタミンEの550〜1000倍、コエンザイムQ10（→P.114〜115参照）の約800倍といわれ、化粧品では主にエイジングケアを目的に配合されます。

　ほかに、表皮の炎症を予防し、メラニンの生成を抑制する効果も報告されており、美白効果も期待できます。

（アスタキサンチんは こう選ぶ）

・ ヘマトコッカスという藻類から抽出したもの、オキアミから抽出したもの、化学合成品などがある。藻類由来のものは、化学合成品よりも高価になる傾向がある

アスタキサンチンについてもっと詳しく!

COLUMN

アスタキサンチンは、トマトやニンジンに含まれるリコペンやβカロテンと同じカロテノイドの一種ですが、カロテノイドの中でも抗酸化作用が強いことで知られています。サプリメントにも配合されており、血中脂質の酸化抑制、肌のうるおい保持のサポート、眼精疲労の軽減効果が報告されています。

┤ Strength ├	┤ Weakness ├
強み	**弱み**
ビタミンEやコエンザイムQ10よりも抗酸化作用が高い。	アスタキサンチン液は医薬部外品への配合量に上限がある。

ならコレ！

\ナノアスタキサンチン配合/

アスタリフト
ジェリー
アクアリスタ
（富士フイルム）
40g ¥9,900

外と内、両方から肌を整える

富士フイルムのナノテクノロジーと独自のセラミド研究から生まれた高浸透セラミドジェリー。セラミドを外から補い、内から築くWのアプローチが、より早く、確実に肌に作用します。ナノ化したアスタキサンチンも配合され、抗酸化力もアップ。

エイジングケア　アスタキサンチン

プラス
+1

細胞を酸化から守る
抗酸化物質を意識して摂取しよう

活性酸素は、肌の老化だけでなく、がんや糖尿病などの生活習慣病の原因にもなります。その予防として積極的にとりたいのが、「抗酸化物質」です。抗酸化物質とは、酸化されやすい物質のこと。抗酸化物質は体内で真っ先に活性酸素などによって酸化されるため、結果として、私たちの細胞を酸化から守ります。代表的な抗酸化物質には、ビタミンA、ビタミンC、ビタミンE、コエンザイムQ10（→ P.114 〜 115 参照）、ポリフェノール、カロテノイドなどがあります。

ほかの抗酸化物質もフォローする働き者

αリポ酸

☑ 美容成分
□ 有効成分
□ 医薬部外品

その他の効果

美白

表示名	チオクト酸

配合
アイテム

高い抗酸化力で角層内の活性酸素も抑制

コエンザイム Q10（→ P.114 ～ 115 参照）と同様、細胞内のミトコンドリアに存在する補酵素です。もともとは点滴薬や内服薬として、激しい肉体労働時の栄養補給などの目的で使われてきました。高い抗酸化力で肌の表面だけでなく角層内の活性酸素を抑制することから、化粧品では美白やエイジングケアの目的で配合されます。このほか、コエンザイム Q10 やビタミン C などの抗酸化物質が体内で使われたあとに、それらをリサイクルするはたらきもあります。

Strength		Weakness
強 み		弱 み
水と油の両方に溶けやすい性質をもつため、肌に浸透しやすい。		酸化しやすいので、冷暗所で保管したほうがいい製品もある。

αリポ酸配合

豊麗
GRACE美容液
（ナノエッグ）
16g ¥6,600

3つの成分で
肌の老化にアプローチ

最先端の皮膚科学研究から開発された「豊麗 GRACE」シリーズより美容液をご紹介。8つの整肌成分を含む「AIジェル」、浸透力を高めた「αリポ酸」と「誘導体レチノール」、この 3 つの成分が肌の角層まで深く浸透し、年齢による乾燥などにしっかり対応します。

再生医療から派生した次世代の美容成分

幹細胞培養液

☑ 美容成分
☐ 有効成分
☐ 医薬部外品

その他の効果

保湿

表示名	ヒト由来：ヒト脂肪細胞順化培養液エキス 植物由来：リンゴ果実細胞培養エキス、 アルガニアスピノサカルス培養エキス	配合 アイテム	美容液 （→ P.57 参照）

新しい細胞を生み出す幹細胞を活性化する

　幹細胞を培養した際に残る培養液の抽出物です。培養液には細胞から出たいろいろな種類のアミノ酸やペプチドが含まれています。幹細胞そのものが入っているわけではありません。ヒトの脂肪や骨髄の幹細胞に由来するものと、リンゴやアルガンなど植物の幹細胞に由来するものに大別できます。どちらも、線維芽細胞にはたらきかけ、肌にハリを与える、ターンオーバーの促進などが期待でき、エイジングケアを目的に配合されます。

┤ Strength ├
強 み

肌の細胞そのものを活性化する効果が
期待できる。

┤ Weakness ├
弱 み

ヒト由来の幹細胞培養液は、効果は高
い一方で、体質によって肌に合わない
可能性もある。

美容なんでも Q&A

Q : 皮膚の「たるみ」と「むくみ」、
　　　どう違うの？

A : どちらも肌の状態としては、良くありません。「たるみ」は、真皮構造
がゆるんだり、皮下脂肪がついたりすることで、皮膚が伸びて垂れ下
がった状態を示します。顔の中では表情筋のない目の下やあご、フェ
イスラインなどに現れます。一方、「むくみ」は、血液やリンパ液の循
環が悪くなることで、一時的に真皮から皮下脂肪層にリンパ液が溜ま
り、皮膚が膨らむ状態をいいます。

注目度大のエイジングケア成分

エイジングケア

エラスチン

|

表示名： 加水分解エラスチン

| **強み** | 植物エキスの効果を促進する作用も報告されている。 |
| **弱み** | 特有のにおいが感じられることがある。 |

エラスチンは、コラーゲンとともに肌のハリや弾力を保つ役目があります。エラスチンそのものは水に溶けにくく、そのままでは化粧品には配合しにくいため、小さく分解した加水分解エラスチンが多用されます。主に保湿作用を目的に、化粧水やクリーム、日焼け止めといったスキンケア製剤に使われますが、ファンデーションなどのメイク製品にも幅広く使われています。

表皮と真皮、両方の糖化を防ぐ！

エイジングケア

セイヨウオオバコ

|

表示名： セイヨウオオバコ種子エキス

| **強み** | 糖化によるくすみやたるみを改善する効果が期待できる。 |
| **弱み** | 同じ抗糖化成分のゲットウ葉エキスに比べると配合されている製品が少ない。 |

オオバコ科植物のセイヨウオオバコの種子から抽出されたエキスです。ポリフェノールの一種であるプランタゴサイドが含まれています。糖よりも先に真皮のコラーゲンや表皮のケラチンと結合することで、糖化による肌の透明感や柔軟度の低下を防ぎます。傷の治りを促進するアラントイン（→ P.152 ～ 153 参照）も含まれています。

肌の酸化と戦うエイジングケアの味方

エイジングケア

ビタミン E 誘導体

|

表示名：酢酸トコフェロール（酢酸 DL- α - トコフェロール）、トコフェリルリン酸 Na（dl- α - トコフェリルリン酸ナトリウム）
※（　）内は医薬部外品の表示名称

| **強み** | 活性酸素を除去するほか、血液循環も良くする効果がある。 | **弱み** | 酢酸トコフェロールは化粧品、医薬部外品ともに配合量の規制がある。 |

ビタミン E（トコフェロール）を安定化させ、肌に浸透しやすくしたものです。肌に入ると誘導体の部分がとれて、ビタミン E として作用します。ビタミン E の特徴は、その強い抗酸化作用です。肌の老化の原因の1つである活性酸素を除去し、過酸化脂質の発生を防ぐはたらきがあるため、エイジングケア製品に多く配合されています。また、皮膚の末梢血管を拡張して血液循環を良くするはたらきもあることから、血色を良くする、くすみや青くまを改善するといった効果も期待できます。酸化防止剤として配合されるケースも少なくありません。なお、水にも油にも溶けやすい両親媒性のトコフェリルリン酸 Na、油溶性の酢酸トコフェロールなど、いくつかの種類があります。

糖化によるたるみ・シワの改善に期待大

`エイジングケア`

ゲットウ

|

表示名： ゲットウ葉エキス

強み 糖化によって起こるたるみやシワのケアにも向く。

弱み 表皮の糖化や糖化による黄ぐすみを改善する効果は低い。

ショウガ科植物のゲットウ（月桃）の葉から得られるエキスです。ゲットウの原産は東南アジアで、日本においては主に九州南端から沖縄にかけて分布しています。エキスにはカンファーやシネオールなどが含まれており、真皮のたんぱく質の糖化抑制、線維芽細胞の増進、コラーゲンの生成促進といった作用があります。以上のはたらきから、糖化の予防だけでなく、糖化によってできたたるみやシワなどの改善も期待できる成分といえるでしょう。ほかに、肌荒れ改善効果も報告されています。なお、「月桃」は小さな白い花が房状に咲きます。その花の1つひとつが桃のように見え、また、花の房が三日月状であることから、「月桃」の名がついたといわれています。

可憐なレンゲソウに秘められたパワー

`エイジングケア`

レンゲソウ

|

表示名： レンゲソウエキス

強み 抗糖化のほか、保湿、収れん効果も期待できる。

弱み 配合されている製品が多くないため、選択肢が少ない。

マメ科植物のレンゲソウから抽出された植物エキスです。タンニン、糖類などを含んでおり、糖化最終生成物「AGEs」を分解する作用があることから、黄ぐすみ改善が期待できるエイジングケア成分として注目されています。また、保湿効果、おだやかな収れん効果もあり、肌荒れ改善や保湿を目的とした化粧品にも向いています。

卵の "薄い膜" が肌のハリを取り戻す

`エイジングケア`

卵殻膜

|

表示名： 加水分解卵殻膜

強み 肌の弾力を改善する効果が期待できる。

弱み 卵アレルギーがある場合は、ごく稀に、接触性皮膚炎を起こす可能性がある。

卵の殻の内側にある薄い膜が「卵殻膜」です。ヒトの肌や髪と近い構造をもち、アミノ酸を豊富に含んでいます。化粧品に用いられるのは加水分解した卵殻膜です。線維芽細胞を増やす作用が報告されていることから、皮膚の弾力を改善する目的でエイジングケア製品に多く配合されています。ほかに、保湿作用もあります。

エイジングケア その他の成分

赤みやかゆみ…どうしたらいい?

肌荒れ改善

バリア機能回復と外部刺激の対策、その両方がマスト

　季節の変わり目やストレスなどで肌が敏感に傾くと、普段のスキンケアでは赤みやかゆみ、ピリピリした刺激が生じることがあります。そんなとき、どんなケアが最適でしょうか。

　肌荒れした状態は、外的刺激から肌を守る「バリア機能」が低下している証拠なので、ポイントはまず角層をしっかり保湿することです。さらに「細胞間脂質」や「NMF（天然保湿因子）」にはたらきかける成分を選び、油分でしっかりフタをしましょう。スキンケア時の摩擦や肌にあわないマスクを避けるなど、外部からの刺激にも注意が必要です。

バリア機能の低下

　バリア機能が低下すると異物が内部に侵入しやすい状態になり、わずかな刺激でも炎症を起こしてしまいます。また、刺激を受け続けると、本来、真皮にとどまっている「知覚神経繊維」が肌の表面近くまで伸びるため、ピリピリとした感覚刺激を受けることもあります。触れたり掻いたりすると悪循環に陥ります。

すこやかな肌

　健康な肌の表面は、適度な皮脂で覆われます。角層内では、角質細胞のまわりを細胞間脂質が満たしています。細胞間脂質はセラミドなどからなる脂質の層と水分子の層が、交互に規則正しく重なりあう「ラメラ構造」を形成し、角層のバリア機能を支えるのです。NMFも、角層内の水分を維持する大切な存在です。

TOPIC

肌荒れの症状と原因

肌荒れの原因はさまざまです。いくつもの要因が絡みあうため、
対処しやすいものから1つずつ改善することが必要です。

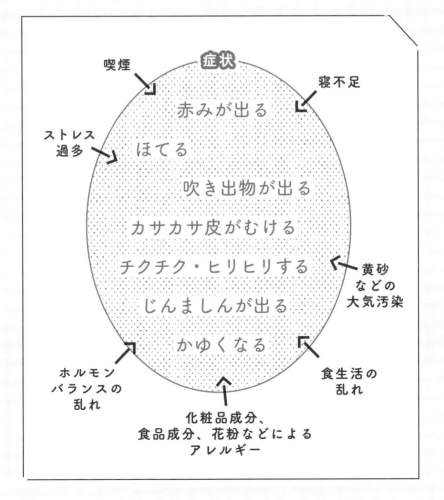

症状

喫煙

寝不足

ストレス
過多

赤みが出る

ほてる

吹き出物が出る

カサカサ皮がむける

チクチク・ヒリヒリする

じんましんが出る

かゆくなる

黄砂
などの
大気汚染

ホルモン
バランスの
乱れ

化粧品成分、
食品成分、花粉などによる
アレルギー

食生活の
乱れ

肌荒れ改善

肌荒れ
改善

「GABA」で知られる肌荒れ防止有効成分

アミノ酪酸

その他の効果

□ 美容成分
☑ 有効成分
☑ 医薬部外品

保湿

表示名	アミノ酪酸、γ-アミノ酪酸（部外）	配合アイテム	

皮膚の細胞を活性化させ、肌荒れを防ぐ

　人間の体内にもともと存在するアミノ酸の一種です。皮膚内のエネルギー代謝経路を活性化させて細胞の正常な角化過程を助けることで肌荒れ防止につながるため、医薬部外品の有効成分として承認されています。

　アミノ酪酸はGABAの愛称でも呼ばれています。これは、γ-アミノ酪酸の英名「Gamma-Amino Butyric Acid」の頭文字です。

　ストレスや睡眠、血圧とも深く関係しているといわれ、健康食品では、血圧やストレス、睡眠の改善・緩和を目的に用いられています。

アミノ酪酸は こう選ぶ

・ 肌荒れ防止有効成分として承認されているのは医薬部外品配合のアミノ酪酸なので、肌荒れを改善したい場合は、医薬部外品で有効成分に「γ-アミノ酪酸」と書かれている製品を選ぶと良い

アミノ酪酸についてもっと詳しく！

COLUMN

　アミノ酪酸はヒトの体内では脳髄などに広く存在しており、抑制系の神経伝達物質として機能しています。健康食品分野では、血圧を正常化させる「特定保健用食品成分」として承認されています。これは、アミノ酪酸が、血圧の上昇の一因である交感神経の亢進を抑制すると考えられているためです。また一時期は、"頭が良くなる成分"として話題になりました。

┤ Strength ├	┤ Weakness ├
強み	**弱み**
皮膚の細胞を活性化させるはたらきがある。	近年はセラミド類（→ P.128 〜 129 参照）が人気のため、アミノ酪酸配合の製品が少ない。

┤ DATA ├

健康機能成分としても注目されている GABA

アミノ酪酸とは GABA のこと。野菜や果物、乳酸菌発酵食品などに多く含まれています。血圧の上昇を抑える、ストレスを軽減する、睡眠の質を整える、中性脂肪を減らすなどの健康効果が認められており、2000 年からは食品の健康機能成分として表示できるようになりました。血圧高め対策の特定健康用食品（トクホ）には、GABA を配合したものが多数あります。2020 年には Dole（株式会社ドール）が、バナナに "GABA を含んだ機能性表示食品" という表示をつけています。

外部からの刺激やストレスを受けると、交感神経がノルアドレナリンを分泌させます。これが血圧上昇の原因です。GABAは、重要な神経伝達物質の1つで、ノルアドレナリンの分泌を抑えるはたらきがあります。

肌荒れ改善

アミノ酪酸

プラス
+1

肌荒れしているときに気をつけるべきこととは？

P.122 〜 123 で説明したように、肌荒れはさまざまな原因によって起こり、その症状には個人差があります。いずれにしても、肌荒れを起こしているときのスキンケアのポイントは 2 つ。1 つは、できるだけ「肌にやさしい」と訴求している低刺激性の洗顔料を使い、ぬるま湯でそそぐこと（流すこと）。もう 1 つは、保湿効果の高いクリームや乳液を使って、肌のバリア機能をサポートすることです。状態が良くないときは、医師に相談してください。

美肌だけでなくダイエットにもお役立ち

塩化レボカルニチン

その他の効果

保湿

☐ 美容成分
☑ 有効成分
☑ 医薬部外品

表示名	塩化レボカルニチン（部外）	配合アイテム		

L- カルニチンを補い、肌のバリア機能を回復する

アミノ酸誘導体の一種である L- カルニチンの塩化物です。化粧品メーカーのカネボウ化粧品が開発した成分で、2005 年に医薬部外品の肌荒れ有効成分に承認されました。塩化レボカルニチンは、皮膚に浸透すると塩が離れ、L- カルニチンとして作用します。この L- カルニチンはヒトの皮膚にもともと存在している成分で、減少すると肌のバリア機能が低下し、肌荒れの一因になると考えられています。塩化レボカルニチンによって L- カルニチンを補うことで、肌のバリア機能が回復し、肌荒れが改善します。

> 塩化レボカルニチンは こう選ぶ

- 塩化レボカルニチンはカネボウ化粧品が開発した成分。基本的にカネボウ化粧品の製品にのみ配合されている

- 有効成分でこそないが、L-カルニチンやカルニチンも、肌荒れ改善効果が期待できる

COLUMN

L- カルニチンは脂肪燃焼効果もあり！

脂肪は体内に取り込まれると脂肪酸に分解され、ミトコンドリア内でエネルギーに変換されます。これがいわゆる「脂肪が燃焼する」ということです。そして、脂肪酸をミトコンドリアに運び込む役目を担っているのが L- カルニチンです。つまり、脂肪の燃焼には L- カルニチンが不可欠。そのため、L- カルニチンは脂肪代謝促進を目的としたサプリメントやスリミング製品にも使われています。なお、L- カルニチンはカルニチンの一種です。

Strength 強み	Weakness 弱み
医薬部外品の肌荒れ有効成分に承認されている。角層の水分量をアップする作用もある。	カネボウ化粧品の製品にしか配合されておらず、選択肢が少ない。

ならコレ！

\塩化レボカルニチン配合/

センサイ CP
エクストラ
インテンシブ
エッセンス S
［医薬部外品］
（カネボウ化粧品）
40ml ¥33,000

目指すのは
シルクのような肌

シルクのようななめらかな肌のための美容液。テクスチャーはみずみずしく、すぐに角層に深く浸透する処方を採用しています。乾燥や肌荒れといった老化による肌のダメージを整え、ふっくらとしたハリのある肌に導きます。

肌荒れ改善

塩化レボカルニチン

ダイエット中の肌荒れはどうすれば防げる？

プラス
+1

ダイエット中は、炭水化物や脂肪を制限しがちです。確かに、炭水化物や脂肪のとりすぎはよくありませんが、これらの栄養は健康的な肌をつくるうえで欠かせない成分でもあります。極端に減らすと、肌が荒れたり、乾燥したりすることもあるので気をつけましょう。ダイエット中に肌トラブルがたびたび起こるようであれば、ダイエットのやり方を見直す必要があるかもしれません。

化粧品での補給が不可欠な肌荒れの救世主

セラミド類

☑ 美容成分
☐ 有効成分
☐ 医薬部外品

その他の効果
保湿、エイ
ジングケア

表示名	セラミド AG、セラミド AP、セラミド EOP、セラミド NG など	配合アイテム

細胞間脂質の約半分を占め肌のバリアとしてはたらく

　角層の細胞と細胞の間に存在する細胞間脂質の約半分を占めるセラミド（スフィンゴ脂質）は、肌のバリア機能としてはたらく重要な成分。バリア機能を助け、乾燥・肌荒れ防止を目的に配合されます。いろいろな種類がありますが、ヒトの細胞間脂質に含まれるセラミドの種類と比率に合わせて混ぜ合わせたものはヒト型セラミドと呼ばれ、特に人気があります。なお、以前は電気的性質の違いで分類した「セラミド＋数字」の表示名称が使われていましたが、現在は分子構造の違いで分類した「セラミド＋英字」の表示名称が使われています。

(セラミド類は こう選ぶ)

・ さまざまな研究から種類ごとに細かな特徴も調べられているが、どれも肌のバリア機能に必要な細胞間脂質のはたらきを補うことが期待される成分。由来や組み合わせで好みのものを選ぶと良い

ヒト型セラミドについてもっと詳しく！

ヒト型セラミドには次のような種類があります。

種類	特徴
セラミド EOS（セラミド 1）	肌の弾力を高める
セラミド NG ／セラミド NS（セラミド 2）	保水力が高い。化粧品によく使われる
セラミド NP（セラミド 3）	特にバリア機能が高い
セラミド AP（セラミド 6 Ⅱ）	シワ抑制、正常なターンオーバーの促進
セラミド AH（セラミド 7）	皮膚常在菌のバランスを整える

※（　）内は旧名称

COLUMN

┤ Strength ├
強み

加齢によって減少する角層内の細胞間脂質を補うことでバリア機能を高める。

┤ Weakness ├
弱み

ヒト型セラミドは非常に高価なため、配合量が少なくなる傾向にある。

おすすめ **こう使ってほしい！**

効果的な組み合わせ

セラミド類

×

ミネラルオイル
⇒ P.75

セラミドは水分蒸散防止のキー成分ですが、ほかの油性分に溶けにくく、高配合が難しいという欠点があります。その欠点を補えるのは、炭化水素であるミネラルオイル。水分蒸散抑制力や保護力を高め、かつセラミドの機能が十分発揮できる組み合わせです。

プラス +1

50代のセラミド量は20代の約半分！

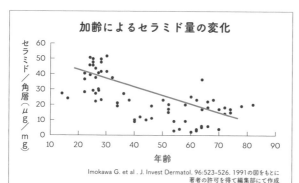

加齢によるセラミド量の変化

セラミド／角層（μg／mg）

年齢

Imokawa G. et al . J. Invest Dermatol. 96:523-526. 1991の図をもとに
著者の許可を得て編集部にて作成

セラミドは年齢を重ねるほどに減少するといわれており、50代では、20代の約半分にまで減るという研究も！　しかし、体内でつくるのは難しいため、化粧品などで体の外から補う必要があります。

コメヌカ生まれのセラミドの"そっくりさん"

コメヌカスフィンゴ糖脂質

☑ 美容成分
☐ 有効成分
☑ 医薬部外品

表示名	コメヌカスフィンゴ糖脂質	配合アイテム	

細胞間脂質を補い、肌荒れを防ぐ

　イネ科植物であるイネのコメヌカから得られる成分です。セラミドに糖が結合した分子構造で糖セラミドとも呼ばれます。セラミドとよく似た構造と性質があり、角層になじんで細胞間脂質を補強し、乾燥による肌荒れを防ぐはたらきが期待できます。セラミドと比べて水への分散性があるため化粧品に配合しやすく、高配合することで高い効果を期待できる面があります。セラミド類似成分にはほかに、こんにゃく、トウモロコシ、柚子などから抽出したものがあります。

┤ Strength ├

強 み

細胞間脂質を補強し、乾燥による肌荒れを防ぐ。

┤ Weakness ├

弱 み

医薬部外品への配合においては配合上限があり、配合量は 2.0 % 以下と定められている。

おすすめ こう使ってほしい！

効果的な組み合わせ

コメヌカスフィンゴ糖脂質

×

アミノ酸
⇒ P.78

コメヌカスフィンゴ糖脂質の構造は、基本の骨格のセラミドに糖がついた形をしています。そのため水への分散性が高く、化粧水などにも使えるメリットが。アミノ酸は角層の天然保湿因子。組み合わせることで、角層の保湿、柔軟化にはたらき、水分蒸散抑制機能を効果的にアップしてくれます。

肌荒れ改善

ヒト型セラミドと同等の水分保持力を誇る

セチルPGヒドロキシ
エチルパルミタミド

☑ 美容成分
☑ 有効成分
☑ 医薬部外品

その他の効果

保湿

表示名	セチル PG ヒドロキシエチルパルミタミド、N-(ヘキサデシロキシヒ ドロキシプロピル)-N- ヒドロキシエチルヘキサデカナミド（部外）	配合 アイテム	

肌のバリア機能を高め、水分を逃さない

　成分名には「セラミド」とついていませんが、合成によってつくられたセラミ
ドとよく似た分子構造をもつ成分です。

　化粧品としては、セラミドと同様に肌のバリア機能を助け、皮膚からの水分蒸
発を抑えたり、外部からの刺激物の侵入を防いだりするはたらきが期待できます。
保湿や肌荒れ防止・改善におすすめの成分です。

═ Strength ═
強 み

ヒト型セラミドと同程度の水分保持機
能をもち、肌のバリア機能を高める。

═ Weakness ═
弱 み

温度が低いと結晶化しやすく、安定さ
せるためには技術を要する。

美容なんでも Q&A

Q : なぜ唇は荒れやすいの？

A : 荒れが気になる唇。特に空気が乾燥する冬はカサカサしたり、皮が
むけたりしてしまうことがあり、顔のほかの部分よりも荒れやすくなりま
す。その理由は、唇は、顔の皮膚に比べて角層が薄いから。そのため、
角層から水分が蒸発しやすくなり、乾燥してしまいます。また、メラニ
ン色素がほとんどないので、紫外線の影響を受けやすくなり荒れてし
まうともいわれています。

清潔感の大敵。長引くとニキビ痕に!

ニキビ・毛穴ケア

ストレスフルな大人女子の日常はニキビと隣り合わせ

　ニキビや毛穴詰まりは、皮脂分泌の多い若者だけの悩みではありません。なぜなら、原因はターンオーバーの乱れにもあるから。ストレスや寝不足、バリア機能の低下など大人の日常は、皮膚の生まれ変わりを乱す原因に満ちています。すると、毛穴の出口が塞がれて角栓が生じたり、さらに毛穴内部で炎症が起きて赤ニキビに進行したりするわけです。ちなみに、毛穴の「開き」の原因も、皮脂分泌の過剰だけではありません。加齢により真皮のコラーゲンやエラスチンが変性すると、肌がたるんで毛穴が開きます。対策にはエイジングケアが有効です。

ニキビができるしくみ

ターンオーバーが乱れて角層が分厚くなると、毛穴詰まりが発生する。思春期は、ホルモンの影響で皮脂分泌が過剰となるのが原因。初期段階の白ニキビ。

毛穴が詰まると、皮脂腺から分泌された皮脂が排出されずに溜まる。それをエサにして皮膚常在菌のアクネ菌が増殖する。皮脂が酸化すると黒ニキビに。

毛穴内部で炎症が起こり、赤く腫れて赤ニキビに進行する。毛穴の中やまわりに白血球が集まり、アクネ菌を攻撃。悪化して膿をもつと黄ニキビ（膿疱）に。

TOPIC

4つのはたらきで
ニキビ撲滅

ニキビに対処する成分のはたらきは、大きく分けて以下の4つ。
使用するアイテムの成分表示を見ながらチェックしてみましょう。

はたらき
1
皮脂抑制

毛穴内部の皮脂腺にはたらき
かけ、皮脂の分泌を抑制して、
肌を清潔に保ちます。

ピリドキシンHCl
⇒ P.140 ～ 141

はたらき
2
角質溶解

肌表面に溜まった余分な角質
を溶かして薄くすることで、ター
ンオーバーを促し、ニキビを
予防します。

サリチル酸
⇒ P.138

はたらき
3
酸化防止

紫外線などで酸化した皮脂、
過酸化脂質は、ニキビ悪化の
原因になります。ニキビ痕に対
処したい場合も。

ビタミンC誘導体
⇒ P.88 ～ 89

はたらき
4
殺菌

アクネ菌が皮脂をエサに増殖
して炎症が起きると、ニキビが
進行して赤ニキビに。殺菌抗
菌作用で食い止めます。

イオウ
⇒ P.150 ～ 151

ニキビ・毛穴ケア

日本人の肌との相性バツグン！

グリコール酸

□ 美容成分
□ 有効成分
☑ 医薬部外品

その他の効果

収れん

| 表示名 | グリコール酸 | 配合アイテム | |

表面にたまった余分な角質を除去する

　ブドウの実や葉、サトウキビなどに含まれる成分です。化粧品においては、クロロ酢酸やアミノ酸をもとに化学的に合成されたものが使われます。原料は、白色の結晶または結晶性の粉末です。

　角層をやわらかくしたり、余分な角質を除去したりする効果があり、肌をなめらかにムラなく整える、あるいは、くすみ対策を目的とした製品に配合されるのが一般的です。ニキビケア製品に使われることもあります。

　医療機関ではケミカルピーリングに使用されています。

　（グリコール酸は こう選ぶ）

・ 刺激を感じる可能性があるため、肌が敏感な人や、肌のバリア機能が低下している人は配合量がより少ないものを選ぶと良い

グリコール酸についてもっと詳しく！

COLUMN

市販の化粧品で「AHA配合」と書かれているのを見たことがありますか？　AHAはα-ヒドロキシ酸（alpha hydroxy acid：AHA）のことで、グリコール酸、クエン酸、乳酸、リンゴ酸などがあります。これらAHAの中でグリコール酸はもっとも低分子であるため、肌へ浸透しやすく、高い効果を期待できます。

<table>
<tr><td>

┤ Strength ├

強 み

効果が高く、また、日本人の肌にも合っているといわれる。
</td><td>

┤ Weakness ├

弱 み

肌が敏感な人や肌のバリア機能が低下している人は、刺激を感じる可能性がある。
</td></tr>
</table>

ならコレ！

グリコール酸配合

資生堂
ナビジョン ファースト ピーリング
（岩城製薬美容医療部）
3g × 5包入 ¥5,280（税込）

肌ケアの玄関口・
洗顔の最先端

先進皮膚科学研究から育まれた「ナビジョン」の洗浄用マスク。クレンジングだけでは落とせない不用物を除き、肌を整えるファーストステップになります。グリコール酸配合で毛穴、ざらつきなどの肌悩みを解消。

ニキビ・毛穴ケア　グリコール酸

プラス
+1

ピーリングのしすぎは美肌には逆効果！

ピーリングとは、硬く古くなった角質をグリコール酸などの作用でやわらかくしたり溶かしたりして、取り除くことをいいます。クルミ殻や乾燥こんにゃくなどの粉末を肌の上で転がして、物理的に角質を除去する「ゴマージュ」や「スクラブ」をピーリングの一種と考える場合もあり、その場合はグリコール酸などを使ったピーリングを「ケミカルピーリング」と呼んで区別します。どちらも肌がつるつるになることから人気ですが、強い酸や強い刺激は肌をかえって傷つけかねません。ピーリングのしすぎには注意しましょう。

Chapter **3**

マイルドさと高い効果をあわせもつ

乳酸

☐ 美容成分
☐ 有効成分
☑ 医薬部外品

その他の効果

収れん

表示名	乳酸	配合アイテム	

グリコール酸よりマイルドな角層剥離剤

　ヒトの体内にも存在する成分で、化粧品にはデンプン類を発酵または化学合成したものが使われます。グリコール酸（→ P.134 〜 135 参照）と並ぶピーリング成分の1つとして、医療機関ではケミカルピーリングに使用されています。ただし、グリコール酸に比べると肌へのはたらきかけはマイルドです。少量を配合した場合は、角層をやわらかくする柔軟剤としてはたらくので、保湿柔軟化粧品に用いられる場合もあります。なお、乳酸 Na にはピーリング効果はありません。

┤ Strength ├

強み

グリコール酸が肌にあわない人でも使
える可能性がある。

┤ Weakness ├

弱み

グリコール酸より作用はマイルドだが、肌
が敏感な人は刺激を感じる可能性も。

美容なんでも Q&A

：「収れん化粧水」の収れんとは、
どういう意味ですか？

：毛穴を引き締めて、汗や皮脂などの過剰な分泌を抑える作用を「収れん作用」といいます。化粧品で毛穴を根本的に小さくすることは現時点では不可能ですが、一時的に引き締めることは可能です。夏場には冷やして使ってみてください。

カワイイ名前の実力派

リンゴ酸

☐ 美容成分
☐ 有効成分
☑ 医薬部外品

表示名	DL-リンゴ酸（部外）

配合アイテム

ピーリング作用のほか、pH調整剤としてのはたらきも

　リンゴのほか、ザクロ、ブドウなどの果実や野菜に含まれる成分です。化粧品には主に、フマル酸やブドウ糖などから合成したものが使われ、白色の結晶または結晶性の粉末です。AHAの中ではクエン酸（→ P.183 参照）よりピーリング効果が高く、グリコール酸（→ P.134 〜 135 参照）、乳酸（→ P.136 参照）よりはマイルドなため、石けんやシャンプー、クリームなど幅広い化粧品に配合されます。このほか、pH調整剤として用いられる場合もあります。

╢ Strength ╟
強 み
グリコール酸や乳酸よりもマイルドなピーリング作用が期待できる。

╢ Weakness ╟
弱 み
ピーリング作用はマイルドだが、肌が敏感な人は刺激を感じる可能性がある。

プラス

ニキビケアには紫外線対策が不可欠！

紫外線は強い酸化作用を引き起こし、ニキビの炎症を悪化させます。ニキビができたときも、紫外線対策は怠らないようにしましょう。
ただし、メイクアップ製品の厚塗りやつけっぱなしはNGです。日焼け止め効果のあるファンデーションを塗る場合は、乳化タイプのものをできるだけ薄く塗り、帰宅したら必ずきれいに洗い落としましょう。

実力はお墨つき！　アクネ菌キラー

サリチル酸

☐ 美容成分
☑ 有効成分
☑ 医薬部外品

表示名	サリチル酸（部外）

配合アイテム

角層をやわらかくして、アクネ菌を殺菌する

　植物からの抽出や化学合成で得られる成分で、白色の針状結晶、または結晶性の粉末です。角層溶解作用があり、殺菌力が強いことから、化粧品では主にニキビを防ぐ製品やピーリング製品に配合されます。ほかに酸化防止剤、防腐剤として用いられることもあります。医薬品では、イボやウオノメの除去剤としてもおなじみです。なお、サリチル酸は BHA（βヒドロキシ酸）に分類され、同じくピーリング作用がある AHA（αヒドロキシ酸）とは化学構造が異なります。

Strength
強　み
角質溶解作用と殺菌作用を有し、古くからニキビ用化粧品に使われてきた実績がある。

Weakness
弱　み
化粧品、薬用化粧品ともに配合量に制限がある。

美容なんでも Q&A

Q ： なぜニキビは同じ場所に出やすいの？

A ： いつも同じ場所にニキビが出る——そう感じている人が多いのではないでしょうか？　そもそもニキビが出やすいという場所（あごや額）もありますが、一度治ったと思ってもまた出てくるニキビは、完全に治癒していないと考えられます。健康な角層が生まれていないため、炎症を繰り返しやすくなっているからです。炎症をしっかりと抑え、完治させてください。

角質を分解する、毛穴ケアの救世主

プロテアーゼ

☐ 美容成分
☐ 有効成分
☑ 医薬部外品

表示名	プロテアーゼ、パパイン

配合アイテム

たんぱく質を分解し、角栓をはがれやすくする

　角栓の正体は角質と皮脂で、角質はたんぱく質の一種です。プロテアーゼには、たんぱく質を分解して水に溶けやすくするはたらきがあり、皮膚においては、古くなった角質や角栓をはがれやすくします。そのため、ざらついた肌や毛穴の詰まりをケアする目的で、主に洗顔料やクレンジング剤に配合されます。よく聞く「パパイン酵素」も、プロテアーゼの一種です。なお、角栓対策には、皮脂を分解する酵素「リパーゼ」が一緒に配合された製品を使うと、より効果的です。

┤ Strength ├

強 み

角栓を構成するたんぱく質を分解して、皮膚から剥離しやすくする。

┤ Weakness ├

弱 み

パウダータイプの製品は湿気に弱いため、個包装タイプではない場合は保管場所に注意が必要。

ニキビ・毛穴ケア

サリチル酸／プロテアーゼ

ならコレ！

プロテアーゼ配合

パパウォッシュ
（イー・エス・エス）
60g ¥2,640（税込）

パパイン酵素で
汚れを落とす

果物のパパイアから抽出したパパイン酵素には、たんぱく質の分解作用があります。その力を生かしたパウダータイプの洗顔料です。落ちにくい毛穴の奥の汚れや余分な皮脂、古い角質などもしっかりと洗い上げます。

ニキビ・
毛穴ケア

皮脂コントロールの達人

ピリドキシンHCI

□ 美容成分
☑ 有効成分
☑ 医薬部外品

その他の効果

肌荒れ
防止

| 表示名 | 塩酸ピリドキシン（部外）、ピリドキシン塩酸塩（部外） | 配合アイテム | |

皮脂の分泌を抑制し、ニキビや肌荒れを防ぐ

ビタミン B₆（化学名ピリドキシン）に塩酸を結合させた、ビタミン B₆ の誘導体。原料は、白色〜薄黄色のかたまり状、または針状結晶です。緑色の植物やビール酵母、卵黄などに含まれており、ヒトの体内ではたんぱく質や脂肪の代謝にかかわっています。

皮脂の分泌をコントロールするはたらきがあるため、ニキビ・肌荒れ対策を目的とした化粧品に配合されます。医薬品としては、脂漏性湿疹、接触性皮膚炎、口唇炎、口角炎などの治療に使われます。

ピリドキシンHCI は こう選ぶ

・ ピリドキシン HCI は、皮脂の分泌を抑制することでニキビができにくい肌に導く成分。そのため、ニキビを予防したい人向け

・ できてしまったニキビのケアには殺菌作用や消炎作用のある成分がおすすめ

ピリドキシン HCI についてもっと詳しく！

化粧品に配合されるビタミン B₆ 誘導体には下記のような種類があります。

●ピリドキシン HCI
水に溶けやすく、アルコール類には溶けにくいという性質があります。

●ジパルミチン酸ピリドキシン
油に溶けやすく、肌への親和性と安定性が高いのが特徴です。

●ジカプリル酸ピリドキシン
油に溶けやすく、肌への親和性と安定性が高いのが特徴です。

COLUMN

┤ Strength ├
強 み

医薬品にも配合されており、ニキビや
皮膚炎の治療に使われている。

┤ Weakness ├
弱 み

紫外線に弱く、酸化に対しても不安定。
また、医薬品成分のため配合に規制が
ある。

思春期のニキビと
大人ニキビの違いとは？

思春期のニキビと大人ニキビができるしくみは基本的に同じです。ただ、大人ニキビは、
脂性肌や乾燥肌といった肌タイプや季節に関係なくいつでも発生し、あごや鼻のまわり
にできやすいようです。大人ニキビができやすい人は角層のバリア機能が低下し
ている場合が多いため、皮脂抑制だけでなく、バリア機能向上を目的としたケアも意
識しましょう。

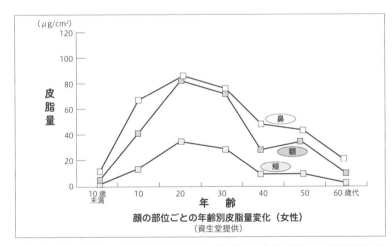

顔の部位ごとの年齢別皮脂量変化（女性）
（資生堂提供）

剥離角層とともに皮脂腺から分泌される油分が毛穴に詰まり、その油分を栄養として雑菌である「ア
クネ菌」が繁殖し、炎症を引き起こしたものがニキビです。顔の油分の分泌は、部位や年齢によって
大きく異なります。部位では、鼻、額の順に多く、頬は比較的少なくなっています。また皮脂量の分
泌がいちばん盛んなのは、10代から30代にかけて。これは、皮脂腺の活動を活発にする男性ホル
モンの分泌が盛んになるためです。

ニキビ・毛穴ケア　ピリドキシンHCⅠ

ローヤルゼリーだけに含まれる特有成分

ローヤルゼリー酸

☑ 美容成分
☐ 有効成分
☐ 医薬部外品

その他の効果

保湿、エイ
ジングケア

表示名	10-ヒドロキシデカン酸	配合アイテム	

皮脂抑制、殺菌のほか、皮膚細胞を活性化する効果も

　サプリメントや健康食品などでおなじみのローヤルゼリーは、ミツバチが分泌し、女王蜂だけが食べられる特別食です。王乳とも呼ばれ、アミノ酸をはじめとする多彩な成分が含まれており、その1つが 10-ヒドロキシデカン酸です。これはローヤルゼリーだけに含まれる特有の成分で、皮脂抑制作用や殺菌効果があることからニキビ防止効果が期待できます。

　ほかに、皮膚細胞の活性作用や保湿効果もあり、エイジングケアや肌荒れ改善を目的とした化粧品にも配合されています。

10-ヒドロキシデカン酸は こう選ぶ

- ローヤルゼリーエキス配合の化粧品にも 10-ヒドロキシデカン酸は含まれているが、ローヤルゼリーから抽出されるさまざまな成分の中の1つにすぎない。10-ヒドロキシデカン酸の作用を期待する場合は、10-ヒドロキシデカン酸が高配合されている化粧品を選ぶと良い

- ローヤルゼリーエキスは水や BG、エタノールで抽出するが、10-ヒドロキシデカン酸は、油性成分なので、これらの水性溶剤には染み出してこない

ローヤルゼリーの健康パワー

COLUMN

ローヤルゼリーにはアミノ酸やたんぱく質、ビタミン、ミネラルなど、40種類以上の栄養素が含まれています。美女で有名なクレオパトラも愛用していたといわれ、ローマ法王を危篤状態から救ったという話も伝わっています。その健康機能についてはまだ明らかになっていない点も多いのですが、血糖値のコントロール、高血圧の予防、自律神経失調症の改善などの作用が報告されています。

┤ Strength ├
強み

ローヤルゼリーだけに含まれ、殺菌効果、皮膚細胞の活性作用、保湿効果がある。

┤ Weakness ├
弱み

ローヤルゼリーエキス配合の製品は、10-ヒドロキシデセン酸が低濃度の可能性がある。

─ DATA ─

肌の水分量を増やすローヤルゼリー

ローヤルゼリーエキスには角層の水分量を増やして、保湿する作用があることが知られています。その保湿効果を検証したのは山田養蜂場。30代から60代の女性16人に対して、ローヤルゼリーエキス配合溶液と未配合溶液を腕に塗り、2週間後と4週間後の角層の水分量を測定したところ、ローヤルゼリーエキス配合溶液を塗布したほうの角層水分量が増えたことが検証されました。これにより、ローヤルゼリーエキスの角層の水分量を増やす効果が認められました。

資料から

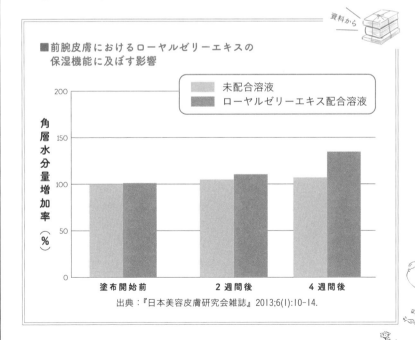

■前腕皮膚におけるローヤルゼリーエキスの
　保湿機能に及ぼす影響

凡例：
未配合溶液
ローヤルゼリーエキス配合溶液

縦軸：角層水分量増加率（％）

横軸：塗布開始前　2週間後　4週間後

出典：『日本美容皮膚研究会雑誌』2013;6(1):10-14.

ニキビ・毛穴ケア

ローヤルゼリー酸

オリーブの力で、肌の平和を守る!

オリーブ葉エキス

 ☑ 美容成分
☑ 有効成分
☑ 医薬部外品

その他の効果
肌荒れ改善、
エイジングケア

表示名	オリーブ葉エキス	配合アイテム	

ポリフェノールの一種が肌を整える

　その名のとおり、オリーブの葉から抽出したエキスです。黄褐色〜褐色の液体で、かすかに特有のにおいがあります。エキスにはポリフェノールの一種、オレウロペインが含まれており、高い抗酸化作用をもつのが特徴。ニキビの原因となる過酸化脂質の発生を抑制し、肌をすこやかに保ちます。

　また、消炎作用もあるので、できてしまったニキビのケアにも向いています。

　なお、オリーブの葉は日本ではあまりなじみがありませんが、ヨーロッパでは古来、お茶や民間薬として利用されていたようです。

（ オリーブ葉エキスは こう選ぶ ）

・ 水とエタノールを混ぜて抽出し、不純物を取り除いているので、香りがない。化粧品の香りが苦手な人にもおすすめ

・ 食品のオリーブ油は実を絞ったもの。化粧品は葉を抽出したものなので、テクスチャーなどに違いは出ない。サラッとした使い心地が好きな人にもおすすめ

COLUMN

アレルギー性皮膚炎や肌荒れのケアにも

古代ギリシャでは、オリーブは神聖な木と考えられており、スポーツ大会で優勝した人にはオリーブの葉でできた冠が与えられました。そんなオリーブの葉から抽出したエキスには、アレルギー症状を引き起こすヒスタミンを抑制するはたらきもあります。したがって、アレルギー性皮膚炎や肌荒れを改善する効果も期待できます。

=| Strength |=
強み

毛穴ケアやニキビケアはもちろんのこと、肌荒れ改善、エイジングケアなど、さまざまな美肌効果が期待できる。

=| Weakness |=
弱み

酸化しやすいので、冷暗所での保管がおすすめ。

ならコレ！

オリーブ葉エキス配合

イグニス イオ
スムージング
ピューレ
（イグニス）
30ml ¥1,760
（税込）

野菜や植物由来成分で肌をうるおす

「アラカルトコスメ」という新しいスタイルを提案している「イグニス イオ」の美容液。アボカドやカロット（ニンジン）、オリーブ葉などのエキスが配合され、まるで "スムージー" のような感覚。心地よくみずみずしくうるおし、いきいきとした肌に整えます。

ニキビ・毛穴ケア

オリーブ葉エキス

プラス
+1

できてしまったニキビを
早く治すにはどうすればいい？

ニキビを早く治すには、ていねいに洗顔をして肌を清潔に保つことが第一です。ただし、1日に4回も5回も洗顔するのは逆効果。必要な皮脂まで失われて肌のバリア機能が低下し、かえってニキビを悪化させる可能性があります。洗顔のしすぎには注意しましょう。また、こする、押すなどの物理的な刺激をできるだけ与えないようにすることも大切です。

ニキビやアレルギーから守る"肌の守護神"

チョウジエキス

□ 美容成分
□ 有効成分
☑ 医薬部外品

その他の効果

エイジング
ケア、美白

表示名	チョウジエキス

配合アイテム

吹き出物やニキビを防ぐほか、血行促進作用もあり

　フトモモ科植物のチョウジの花のつぼみを乾燥させ、エタノール溶液などで抽出したエキスです。精油、タンニン、樹脂類などが含まれており、色は黄茶色で独特のにおいがあります。化粧品においては、抗菌作用や鎮静作用、血行促進作用があることから、肌をすこやかに保ち、吹き出物やニキビを防ぐ目的で配合されます。ほかに、育毛剤や香水、防虫香としても用いられます。なお、チョウジは英語で「クローブ」といい、カレーなどの香辛料としてもおなじみです。

Strength
強み
抗酸化作用、抗老化作用、抗アレルギー作用、美白作用も報告されている。

Weakness
弱み
独特のにおいがある。

過剰な皮脂がニキビトラブルの元

プラス
+1

　皮脂には、皮膚の表面からの水分の蒸散を防ぎ、紫外線や微生物・菌など外部からの異物の侵入を防ぐ役割があります。皮脂は、皮膚を守るナイト（騎士）といえるかもしれません。しかし、過剰に分泌されると、肌のテカリやベタつきにつながったり、化粧崩れをおこしやすくなったり、ニキビが出やすくなったりとさまざまなトラブルになることも。皮脂抑制機能がある成分が配合されたスキンケア商品を使うことで、皮脂の分泌を抑え、肌を整えることができます。

ニキビケアにおすすめの人気植物エキス

ローズマリー葉エキス

☐ 美容成分
☑ 有効成分
　（承認 2002 年）
☑ 医薬部外品

その他の効果

エイジング
ケア

表示名	ローズマリーエキス（部外）

配合
アイテム

消炎・抗菌・抗酸化に優れ、ニキビケアにも好適

　シソ科植物のローズマリー（別名マンネンロウ）の葉や花から抽出したエキスです。色は淡黄色〜赤褐色で、独特のにおいがあります。エキスを構成する成分は、ロズマリン酸（ロスマリン酸とも）、クロロゲン酸、精油、フラボノイド、タンニンなど。消炎作用、抗菌作用、抗酸化作用で知られており、肌荒れケア、ニキビケア、エイジングケアなど、幅広い化粧品に配合されています。ほかに、天然の酸化防止剤として配合されることもあります。

╡ Strength ╞	╡ Weakness ╞
強 み	**弱 み**
肌荒れケア、ニキビケア、エイジングケアなど幅広い効果が期待できる。	独特のにおいがある。

おすすめ こう使ってほしい！

効果的な組み合わせ

ローズマリー葉エキス

×

コメヌカスフィンゴ糖脂質 ⇒ P.130

　ニキビは、角層のバリア機能自体が弱い場合、繰り返し同じところにできてしまいます。そこで、まずは水に分散しやすいコメヌカスフィンゴ糖脂質でバリア機能向上を狙いましょう。ローズマリー葉エキスでは王道のニキビ対策を。

日本古来の薬用植物パワー！

オウレン根エキス

☐ 美容成分
☐ 有効成分
☑ 医薬部外品

その他の効果

肌荒れ改善、
収れん

表示名	オウレンエキス（部外）

配合
アイテム

ニキビ予防のアイテムに多く配合される

キンポウゲ科の植物オウレンの根から抽出したエキスです。エキスには、主要成分のベルベリンのほか、オーレニン、フェルラ酸が含まれます。

ベルベリンには抗菌作用や抗炎症作用があり、特に、ニキビ予防のための洗顔料や化粧水への配合に適しています。ほかに、肌荒れ改善や収れんを目的とした化粧品に配合されることも少なくありません。

なお、オウレン根エキスは黄褐色〜灰黄褐色をしているため、着色目的で配合されるケースもあります。

オウレン根エキスは こう選ぶ

- 抑制する作用があるので、ニキビケアに用いる場合は、ニキビの予防のほか、できてしまったニキビの悪化を防ぎたいときにもおすすめ

オウレン根エキスについてもっと詳しく！

COLUMN

オウレンは日本原産の植物です。春に白い小さな花を咲かせます。薬用としての歴史は古く、平安時代の書物『延喜式』にその名が見られます。江戸時代になると盛んに栽培されるようになりました。薬用として使われるのは主に根の部分で、健胃薬や整腸薬などに配合されます。ほかに、血圧降下作用も報告されています。

Strength 強み	Weakness 弱み
抗菌・消炎作用があり、特にニキビケアのための洗顔料や化粧水への配合に向く。	天然成分のため、オウレンの採取地域や時期、抽出方法によって成分組成が異なる可能性がある。

美容なんでも Q&A

Q : 皮膚にはもともと菌が存在しているって本当ですか？

A : 私たちの肌には、空気中に漂うさまざまな微生物（例えばブドウ球菌など）や細菌が付着します。多くは皮膚の環境に適合し、人体に悪い影響は与えません。とはいえ、肌に微生物や菌がいる、と聞くとなにか良くないイメージがありますが、実は逆。例えば、病原性微生物が皮膚に付着した場合、すでにいる皮膚常在菌にはばまれて増殖できず、結果として皮膚が健康に保たれるのです。

プラス
+1

ニキビケア製品でよく見る「ノンコメドジェニック」とは？

「コメド」はニキビのことで、ニキビの原因になりうる成分を極力配合せず、よりニキビができにくいよう処方された化粧品を「ノンコメドジェニック」と呼んでいます。「ノンコメドジェニックテスト済み」と書かれている製品もあり、これは、「第三者機関が実施するニキビが生じにくい製品かどうかを調べるテストを受けました」という意味です。どちらも、絶対にニキビができないと保証しているわけではありません。

ニキビ・毛穴ケア

オウレン根エキス

確かな実力をもつバイプレーヤー

イオウ

□ 美容成分
☑ 有効成分
☑ 医薬部外品

その他の効果

| 美白 |

| 表示名 | イオウ | 配合アイテム | |

角質除去＆殺菌の W 効果でニキビをケア

　イオウには、皮膚表面にあるたんぱく質と反応して硫化物になり、角層をやわらかくしたり、傷んだ古い角質を除去したりする作用があります。さらに殺菌作用もあり、殺菌と角質除去の2役をこなすことから、ニキビケア製品ではとてもメジャーな成分です。

　医薬品成分ですが、化粧品への配合も認められています（ただし、配合規制あり）。

　以前は鉱物を精製して得たイオウが使われていましたが、現在、化粧品原料として用いられるのは、天然ガスや石油の精製過程で回収されたものがほとんどです。

(**イオウは** こう選ぶ)

・ イオウは、比較的作用が強いので、敏感肌のニキビケア製品としては、ビタミンC誘導体（→ P.88 ～ 89 参照）入り化粧品か、グリチルリチン酸誘導体（グリチルリチン酸2K およびグリチルレチン酸ステアリルなど→ P.154、P.155 参照）配合の化粧品がおすすめ

イオウについてもっと詳しく！

COLUMN

ニキビケアを目的にイオウを配合した製品には、化粧品、医薬部外品、医薬品があります。配合量は医薬品がもっとも高いので、ニキビを早く治したい場合は、部分的・一時的に医薬品を使用するといいでしょう。なお、イオウには漂白作用があり、美白成分として化粧品に配合されていた時期もあります。しかし近年、優れた美白成分が次々に開発されたため、美白の目的でイオウが配合されることは少なくなりました。

┤ Strength ├	┤ Weakness ├
強 み	**弱 み**
ニキビケアで有名な市販薬にも含まれており、ニキビに対して高い効果が期待できる。	イオウの成分が銀製のアクセサリーにつくと黒く変色する。独特のにおいがすることがある。

イオウ配合

ロゼット洗顔パスタ荒性肌［医薬部外品］
販売名：ロゼット（荒性用）
90g ¥715（税込）

ロングセラーの人気者
ニキビ・肌荒れに

日本で長く愛されてきた薬用洗顔料です。キメの整ったすこやかな肌に整えます。皮膚保護成分としてオリーブ油などの油脂も配合。しっとりとした洗い上がりを楽しんで。

ニキビ・毛穴ケア

イオウ

ニキビの原因にもなる皮脂には
どんな役割があるの？

角質や過剰に分泌された皮脂で毛穴が詰まり、そこにアクネ菌が繁殖するとニキビが発生します。だからといって、皮脂＝不要なもの、とういわけではありません。皮脂は肌の水分蒸発を防いでバリア機能を高めたり、角層をやわらかくしてなめらかな状態に整えたり、肌表面にツヤを与えたりします。適度な皮脂分泌は、すこやかな肌に欠かせないものなのです。

抗炎症＆細胞増殖作用で美肌をキープ！

アラントイン

☐ 美容成分
☑ 有効成分
☑ 医薬部外品

その他の効果

肌荒れ
防止

| 表示名 | アラントイン | 配合アイテム | |

炎症を抑え、細胞を活性化する

　19世紀ごろに牛の羊膜の分泌液から発見された成分です。生物界に多く存在しており、コンフリー（ムラサキ科の多年草）の葉やたばこの種子、小麦の芽などからとれるほか、尿素からも合成できます。

　化粧品成分としての特徴は、消炎効果に加えて、細胞の増殖を促して肌を再生する作用を有する点です。このため、赤みや炎症、ニキビのケアを目的とした製品に向いています。なお、医薬品成分のため化粧品および医薬部外品への配合に規制があります。

> ### アラントインはこう選ぶ

・　グリチルリチン酸2K（→ P.154 参照）、グリチルレチン酸ステアリル（→ P.155 参照）にも抗炎症作用があるが、アラントインは抗炎症作用に加えて肌を再生する作用も期待できるため、ニキビ痕が気になる人にもおすすめ

COLUMN

アラントインについてもっと詳しく！

2010年代前半に、かたつむりの分泌液などを原料とした「かたつむりコスメ」が流行しました。かたつむりコスメは、「食用かたつむりの養殖業者の手の傷が早く治る」という伝承がきっかけとなって開発されたといわれています。後年、このかたつむりの分泌液には天然のアラントインが含まれていることが突き止められました。アラントインには細胞を増やして創傷を治癒する効果があります。傷の治りが早いという伝承は、どうやらアラントインの効果だったようです。

┤ Strength ├
強 み
やけどやすり傷治療用の市販薬にも用いられている。育毛作用、抗アレルギー作用もある。

┤ Weakness ├
弱 み
配合規制がある。長期間継続して利用すると、肌が過敏になる可能性が示唆されている。

ならコレ！

アラントイン配合

ジュレリッチリュール
ハンドセラム
［化粧品］
（全薬工業）
40g ¥1,980（税込）

ふっくらハリのある手肌に

" 茜さすつや肌 " に導き、年齢に応じたうるおいケアをもたらす、エイジングケアシリーズ「ジュレリッチリュール」のハンド美容液。アラントインは、肌荒れ防止成分として配合。ベタつかず、肌になじむ感触は心地良く、手肌をふっくらなめらかに整えます。

プラス
+1

ニキビ跡の1つ「色素沈着」は
美白作用のある成分でケアを

ニキビや炎症が発生したあとに色素沈着が起こることがあります。実は、この色素沈着のメカニズムは、紫外線によりシミ・ソバカスができるのと同じ。皮膚がメラノサイトにメラニンを生成するよう指令を出すことで発生しているのです。つまり、P.82 〜 101で取り上げた美白作用がある成分を使うことで、予防・改善が期待できるということです。

ニキビ・毛穴ケア　アラントイン

美容界の実力派ファイヤーマン

グリチルリチン酸2K

☐ 美容成分
☑ 有効成分
☑ 医薬部外品

その他の効果

肌荒れ防
止、美白

表示名	グリチルリチン酸ジカリウム（部外）	配合アイテム	

強力な消炎作用で健康的な肌をキープする

　古くから漢方薬に使われてきたマメ科の植物カンゾウ（甘草）の根、または茎から抽出したグリチルリチン酸にカリウムを結合させた、水溶性の誘導体です。強い消炎作用があり、医薬品では抗炎症剤として用いられているほど。医薬部外品の有効成分にも承認されており、ニキビの予防・ケアを目的とした化粧品ではおなじみの成分です。スキンケアアイテムだけでなく育毛剤やシャンプーなどにも使われています。なお、化粧品、医薬部外品ともに配合規制があります。

┤ Strength ├	┤ Weakness ├
強み	弱み
強力な消炎作用があり、ニキビケア製品や肌荒れケア製品などに幅広く配合されている。	配合規制がある。長期間継続して利用すると、肌が過敏になる可能性が示唆されている。

プラス

+1

世界中で医・食に珍重

　中国北部が原産地の「甘草」。その歴史は古く、4000年前のメソポタミアで発見され、美容薬や強壮剤として使われたといわれています。主成分はグリチルリチン酸で、甘さは砂糖の約250倍！　世界各地で昔から薬として用いられており、漢方薬の材料としてもよく知られています。日本には奈良時代に中国から伝えられ、正倉院の御物として残されています。砂糖が使われるようになるまでは、栄養剤として、また料理の甘味料として珍重されていました。

抗炎症作用はグリチルリチン酸2K を上回る

グリチルレチン酸ステアリル

☐ 美容成分
☑ 有効成分
☑ 医薬部外品

その他の効果

肌荒れ防
止、美白

表示名	グリチルレチン酸ステアリル	配合アイテム	

抗炎症、抗アレルギー作用で肌の健康をキープ

　グリチルリチン酸2K（→ P.154 参照）と同じグリチルリチン酸の誘導体です。抗炎症作用はグリチルリチン酸2K よりも強く、また油溶性であるため、ニキビケア、肌荒れケアを目的とした製品、中でも、乳化系、オイル系の製品に幅広く配合されています。乾燥が気になる人は、グリチルリチン酸2K よりグリチルレチン酸ステアリル配合製品のほうが向いているかもしれません。なお、名前がグリチル「レ」チン酸なのは、グリチル「リ」チン酸を、さらに酸で分解しているためです。

====| Strength |====

強み

水溶性のグリチルリチン酸2K よりも強い抗炎症作用があり、抗アレルギー作用も報告されている。

====| Weakness |====

弱み

配合規制がある。長期間継続して利用すると、肌が過敏になる可能性が示唆されている。

美容なんでも Q&A

Q： 一度開いてしまった毛穴は小さくなりますか？

A： 毛穴が開いてしまい、真皮の構造まで変形している場合には、化粧品で小さくすることは難しいでしょう。ただし保湿ケアをすることで、毛穴の周囲の硬くなってしまった角層をやわらかくし、凹凸が目立たないようにすることはできます。また、マッサージによって肌のたるみを改善し、皮膚の自然な代謝が促進されれば、毛穴を引き締めることもできます。トライしてみてください。

紫外線から肌を守るために

紫外線防御成分

紫外線による活性酸素はエイジングケアの大敵!

　紫外線は、さまざまな肌トラブルの元凶になります。シミやシワ、たるみなどのエイジングサインの約8割は、紫外線による「光老化」が原因だといわれています。紫外線を浴びると、皮膚の細胞内で大量の活性酸素が発生し、肌の弾力やハリを保つ真皮のコラーゲンやエラスチンを破壊し、変性させてしまいます。これが、シワやたるみの原因です。さらに、活性酸素による皮膚細胞の損傷を防ぐために、大量のメラニン色素をつくり出し、その一部がシミとなって残るわけです。紫外線そのものによるダメージもあります。

紫外線	短 ← 波長 → 長
	紫外線 　可視光線 　赤外線

3つの種類

　太陽にはさまざまな光が含まれています。紫外線は、ビタミンD産生促進や日焼けなど、さまざまな作用を私たちの体に及ぼします。紫外線は可視光にもっとも近い光から順にUV-A、UV-B、UV-C、遠紫外線とさらに細かく分類されています。遠紫外線やUV-Cは地球の大気で吸収されて地上にはほとんど届きません。そのため、問題となるのはUV-AとUV-Bが私たちの体に及ぼす影響です。

　日焼けで肌色が濃くなる（サンタン）のは主にUV-Aによる影響です。一方、日焼け後にヒリヒリしたり赤くなったり

する（サンバーン）のは主にUV-Bによる影響です。さらに、紫外線の影響は日焼けだけでなく、皮膚がんのリスクを高めたり、真皮のコラーゲンやエラスチンなどにダメージを与えてシワやたるみを引き起こしたりすることもわかってきました。

　紫外線が皮膚に当たる量を減らしてこれらのトラブルから肌を守るために、日差しの強いときには日傘、帽子、手袋、サングラスなどで光をさえぎることが必要とされています。顔や腕など露出している部分を紫外線から守るときには日焼け止めの出番です。

日焼け止めの正しい使い方や選び方を知っていますか？

　日焼け止めクリーム（UVケア製品）のパッケージには、SPFとPAが表示されています。

　「SPF」は、UVBを防ぐ指標で、日焼けするまでの時間を何倍長くできるかを目安とした数値です。とはいえ、数字が大きければ大きいほど良いかというと、そういうことではありません。いくらSPFが高くても、汗や皮脂で日焼け止めが流れ落ちてしまうほうが早いからです。そこで、50より大きな数値には意味がないとして、SPF50+と表示されます。

　一方、「PA」はUVAを防ぐ効果を＋（ワンプラス）から＋＋＋＋（フォープラス）までの段階で示したものです。＋が高いほど、高い防御力を示します。

　紫外線を防ぐ成分には「紫外線吸収剤」と「紫外線散乱剤」の2種類があり、「肌にやさしい」「ノンケミカル」などをアピールする日焼け止めには「紫外線散乱剤」が使われています。ですが、「紫外線吸収剤」もポジティブリスト（→P.42参照）で配合量を規定していますので、特定の紫外線吸収剤成分へのアレルギーがない場合は心配しすぎることはありません。顔に塗るときは、乳液タイプは1円玉大×2回、クリームタイプならパール粒×2回が目安です。

Absorption ── 紫外線吸収剤

紫外線を取り込んで、熱や赤外線など弱い別のエネルギーに変換し、放出させる成分を用います。白浮きしないので、気にせず必要な量をしっかりと塗ることができます。稀にアレルギーを起こすケースも。

オキシベンゾン類
⇒ P.158

メトキシケイヒ酸
エチルヘキシル
⇒ P.160

t-ブチルメトキシジ
ベンゾイルメタン　⇒ P.161

Scattering ── 紫外線散乱剤

非常に小さい、白色の無機粉末を肌に塗ることで、物理的に紫外線を反射・屈折させるしくみ。懸案だった白浮きも、ナノレベルまで小さくした粉体が登場したことで、ほとんど気にならなくなりました。

酸化チタン
⇒ P.162

酸化亜鉛
⇒ P.163

背 " 番号 " で得意分野が変わる

オキシベンゾン類

☑ 美容成分
☐ 有効成分
☑ 医薬部外品

表示名	オキシベンゾン -1、オキシベンゾン -2、オキシベンゾン -3、オキシベンゾン -4、オキシベンゾン -5、オキシベンゾン -6、オキシベンゾン -9	配合アイテム

どの紫外線を吸収するかは末尾の数字で異なる

　石油由来の成分で、白〜薄黄色の粉末です。紫外線を吸収して熱などに変換したり、構造を変えたりする性質をもつ「紫外線吸収剤」の定番成分ですが、複数の種類があり、末尾の数字によって性質が異なります。日本では特に、オキシベンゾン -1とオキシベンゾン -3が多く使われています。

　なお、オキシベンゾン類は、単独では紫外線吸収効果がそれほど高くないため、ほかの紫外線防御成分と組み合わせて配合されるのが一般的です。

> オキシベンゾン類は こう選ぶ

- ・ 末尾の数字が 2、3、6 のオキシベンゾンは UV-A 吸収能に優れている
- ・ 末尾の数字が 1、3、4 のオキシベンゾンは UV-B 吸収能に優れている

オキシベンゾン類についてもっと詳しく!

オキシベンゾン類のうち、代表的な成分の特徴をまとめました。

成分名	UV-A をカット	UV-B をカット	医薬部外品の表示名
オキシベンゾン -1		◎	ジヒドロキシベンゾフェノン
オキシベンゾン -2	◎		テトラヒドロキシベンゾフェノン
オキシベンゾン -3	◎	○	オキシベンゾン
オキシベンゾン -4		◎	ヒドロキシメトキシベンゾフェノンスルホン酸
オキシベンゾン -5		○	ヒドロキシメトキシベンゾフェノンスルホン酸ナトリウム
オキシベンゾン -6	◎	○	ジヒドロキシジメトキシベンゾフェノン
オキシベンゾン -9	○		ジヒドロキシジメトキシベンゾフェノンジスルホン酸ナトリウム

┤ Strength ├
強 み

さまざまな性質のものが開発されている。
使っても白浮きしにくく、カサつかない。

┤ Weakness ├
弱 み

アレルギーの原因になることがあり、
化粧品および医薬部外品において配合
規制がある。

─── DATA ───

"適材適所"で選ぶ
日焼け止め

さまざまなタイプがある日焼け止め。選ぶ基準は
「いつ、何をするときに使うのか」です。買い物
など日常生活で使うのでしたら、SPFやPAがそ
れほど高くなくて大丈夫ですし、SPF・PAが表示
されている日中用の乳液やクリームでも効果があ
ります。炎天下のスポーツや登山、海水浴など
長時間強い紫外線にさらされる場合には数値の
高いものが必要です。海やプールで使う場合に
はウォータープルーフのものを選んでください。

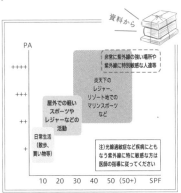

（日本化粧品工業連合会編「紫外線防止用化粧品と
紫外線防止効果」を参考に編集部にて作成）

プラス
+1

ヘリオケアと
ソルプロプリュスホワイト サプリメント

どちらも飲む日焼け止めです。ヘリオケアは、ヨーロッパや韓国など34か国以上で
販売されています。化学薬品は一切、使用されておらず、シダをはじめとする植物由来
の成分が使われています。抗酸化作用をもち、シミやシワの予防にもつながります。一方、
ソルプロプリュスホワイト サプリメントは国産の医療機器専売品。抗糖化作用
があります。どちらも日焼け止めながら、エイジングケアにも効果を発揮。一年中
サプリメントとして服用することで、紫外線に強い肌になります。

世界中で愛される UV-B 吸収剤の雄

メトキシケイヒ酸エチルヘキシル

☑ 美容成分
☐ 有効成分
☑ 医薬部外品

表示名	パラメトキシケイ皮酸 2- エチルヘキシル（部外）、メトキシケイヒ酸オクチル（旧称）

配合アイテム

UV-B を吸収するほか、品質保持剤としても使われる

　成分名にある「ケイヒ酸」は、天然ではシナモンの仲間の「肉桂」という植物から得られる桂皮油に含まれています。このケイヒ酸を合成し、それをもとにつくられたのがメトキシケイヒ酸エチルヘキシルです。原料は淡黄色の粘性のある液体で、UV-B の吸収効果に優れています。このため、日焼け止め製品や夏用のメイクアップ製品に幅広く配合されています。また、紫外線に弱い成分が入っている化粧品において、紫外線から守る品質保持剤として用いられることもあります。

┤ Strength ├
強 み
UV-B を吸収し、紫外線のダメージから肌を守る。使っても白浮きしにくく、カサつかない。

┤ Weakness ├
弱 み
アレルギーの原因になることがあり、化粧品および医薬部外品において配合規制がある。

美容なんでも Q&A

Q SPF10 + SPF15 = SPF25 ？

A SPF15のファンデーションをつけ、さらに SPF10の日焼け止めを塗ったら、SPF25の効果があるのでしょうか。SPF値は、製品ごとの紫外線防止効果を測定した値なので、異なる商品を重ねても足した値の効果が得られるわけではありません。ただし、重ね塗りで紫外線を防ぐ効果はアップするので、日焼けが心配な場合はファンデーションと日焼け止めの両方を使いましょう。

美肌の大敵・UV-A の天敵

t-ブチルメトキシジベンゾイルメタン

☑ 美容成分
☐ 有効成分
☑ 医薬部外品

表示名	4-tert- ブチル -4′ - メトキシジベンゾイルメタン（部外）	配合アイテム

肌を黒くし、シワの原因になる UV-A を吸収する

　石油由来の成分です。原料は淡黄色〜黄色の粉末で、独特のにおいがあります。オキシベンゾン類（→ P.158 〜 159 参照）、メトキシケイヒ酸エチルヘキシル（→ P.160 参照）と同様に紫外線吸収剤の１つですが、主に UV-A を吸収して肌へのダメージを防ぎます。日焼け止め製品に配合する際は、酸化チタン（→ P.162 参照）、酸化亜鉛（→ P.163 参照）などの紫外線散乱剤と組み合わせるのがスタンダードです。また、化粧品の品質保持剤として用いられることもあります。

┤ Strength ├
強 み

特に UV-A の吸収に優れる。使っても白浮きしにくく、カサつかない。

┤ Weakness ├
弱 み

アレルギーの原因になることがあり、化粧品および医薬部外品において配合規制がある。

プラス
+1

出かける前に２度塗りが基本

　日焼け止めの使い方は「外に出る前」に塗るのが基本。顔には、クリーム状ならパール粒１つ分、液状なら１円玉１個分を手のひらに取り、額、鼻の上、両頬、あごにちょんちょんと置き、それから顔全体に塗っていきます。腕や足などは直接肌に線を描くようにつけ、手のひらでらせんを描くようにムラなく伸ばします。このようにすると、塗り忘れや塗りムラがありません。どちらも、２回塗ることを忘れないように！ また、日に焼けやすい場所には念入りに塗ってください。

紫外線防御成分

メトキシケイヒ酸エチルヘキシル／ t − ブチルメトキシジベンゾイルメタン

紫外線
防御成分

あたりはマイルドでも実力は十分

酸化チタン

☑ 美容成分
☐ 有効成分
☑ 医薬部外品

表示名	酸化チタン	配合アイテム

紫外線散乱剤の一種。白色顔料としても使われる

　イルメナイトという鉱物やチタンスラグなどからつくられる、白色の微細な粉末です。紫外線散乱剤の代表成分。白浮きしやすいといわれていましたが、近年、その欠点をカバーすべく、粒子をナノレベルにまで小さくしたものが開発されています。光の散乱性が高いことから、粒子サイズの大きな酸化チタンは白色顔料としてファンデーションなどのメイクアップ製品で多用されています。酸化チタンは光を受けるとほかの化合物の化学反応を促進する光触媒作用をもっているため、表面をさまざまな成分でコーティングするのが一般的です。

Strength
強み

紫外線（特に UV-B）を反射して肌を守る。肌への刺激が少なく、敏感肌の人にも向く。

Weakness
弱み

きしみが出やすい。製品によっては白浮きする場合がある。

ならコレ！

酸化チタン配合

原液
UVプロテクター
（チューンメーカーズ）
30ml ¥3,080（税込）

日焼け防止と
スキンケアを両立

SPF50＋、PA++++の実力をもち、かつ軽やかなつけ心地が特徴。シミ・ソバカスを防ぎ、紫外線ダメージをケアしながら、お肌を集中的に守ります。スキンケア感覚で毎日使えるUV美容液です。

紫外線
防御成分

酸化チタンとともに鉄壁のダブルブロック！

酸化亜鉛

☑ 美容成分
☐ 有効成分
☑ 医薬部外品

表示名	酸化亜鉛	配合アイテム	

紫外線防御成分

酸化チタン／酸化亜鉛

UV-A を反射するほか、消炎・収れん効果も

亜鉛溶液あるいは亜鉛鉱物から得られる白色の微細な粉末です。酸化チタン（→ P.162 参照）と同様の紫外線散乱作用だけではなく、UV-A の吸収作用もあります。このため、化粧品では主に紫外線防御成分として用いられますが、ほかに消炎効果、収れん効果、皮脂吸着効果もあり、カーマインローションやボディパウダー、ボディシート、制汗剤などにも配合されています。非常に汎用性が高い成分です。医薬品では亜鉛華の名で皮膚疾患の治療薬としても使われています。

═╡ Strength ╞═
強み
紫外線（特に UV-A）を反射して肌を守るほか、抗炎症作用や収れん作用もある。白浮きしにくい。

═╡ Weakness ╞═
弱み
きしみが出やすい。製品によっては白浮きする場合がある。

━━━━ **D A T A** ━━━━ 資料から

日焼けには 2 種類ある !?

日本語で日焼けを表す言葉は1つですが、英語にはサンバーン（Sunburn）とサンタン（Suntan）の2種類があります。サンバーンは紫外線に当たって数時間後から 2、3日後まで皮膚が赤くなる、いわゆる皮膚のやけどのこと。一方、サンタンはサンバーンによる皮膚の赤みが消えた数日後から現れるもので、サンバーンによって増えたメラニン色素が皮膚に沈着して肌が黒っぽくなることを指します。サンタンの状態は数週間から数か月と長い間続きます。

紫外線	数時間後	8 〜 24 時間後	2 〜 3 日後	数日後	数週間〜 数か月後

サンバーン
赤くなる日焼け

サンタン
黒っぽくなる日焼け

化粧品の骨組みは、水・油・界面活性剤

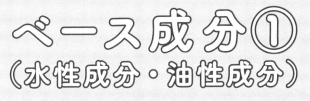

ベース成分①
（水性成分・油性成分）

化粧品の7～9割は「ベース成分」です

　化粧品が化粧品としての機能（清浄、すこやか、美化、魅力）をもって形になるためには、その骨格となるベース成分すなわち「水性成分」「油性成分」「界面活性剤」が必要です。多くの化粧品はその成分の7～9割をベース成分が占めます。「化粧品って結局どれも同じ」なのではありません。水性成分、油性成分、界面活性剤にはさまざまな種類があるので、どれをどんな比率でどう混ぜるかによって化粧品の性質は大きく変わります。効能効果だけでなく、テクスチャーや外観などにも違いは現れます。こうしたバラエティ豊かな楽しさこそ、化粧品の醍醐味でしょう。

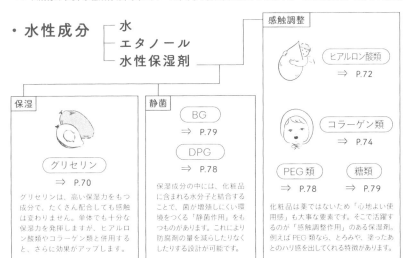

水性成分

ベース成分のうち、水性成分は、水、エタノール、そして肌表面の水分を保持する「水性保湿剤」に分かれます。

・水性成分
- 水
- エタノール
- 水性保湿剤

感触調整

ヒアルロン酸類 ⇒ P.72

コラーゲン類 ⇒ P.74

PEG類 ⇒ P.78　糖類 ⇒ P.79

化粧品は薬ではないため「心地よい使用感」も大事な要素です。そこで活躍するのが「感触調整作用」のある保湿剤。例えばPEG類なら、とろみや、塗ったあとのハリ感を出してくれる特徴があります。

保湿

グリセリン ⇒ P.70

グリセリンは、高い保湿力をもつ成分で、たくさん配合しても感触は変わりません。単体でも十分な保湿力を発揮しますが、ヒアルロン酸類やコラーゲン類と併用すると、さらに効果がアップします。

静菌

BG ⇒ P.79

DPG ⇒ P.78

保湿成分の中には、化粧品に含まれる水分子と結合することで、菌が増殖しにくい環境をつくる「静菌作用」をもつものがあります。これにより防腐剤の量を減らしたりなくしたりする設計が可能です。

成分表示のランキング上位の常連

水

|

表示名： 水、ローズ水、温泉水

| 強　み | 安全性が高く、多くの化粧品に使われている。 |
| 弱　み | 蒸発しやすいので、保湿剤との併用が不可欠。 |

スキンケアの基本中の基本である「うるおい」そのものです。蒸発しやすいので、水性保湿剤との併用が欠かせません。固形成分を溶かして塗ることができるようにする「溶剤」の役割も重要です。一般に不純物を取り除いた「精製水」が使われますが、温泉水や海洋水、植物を水蒸気蒸留して得られる芳香水などが用いられることもあります。

多方面で活躍する"さっぱり感"の立役者

エタノール

|

表示名： エタノール

| 強　み | 収れん効果、清涼感付与、殺菌などさまざまなはたらきがある。 |
| 弱　み | アルコール消毒などに過敏な人は使用に注意が必要な可能性がある。 |

多くの人に安全で、「清涼」「収れん」「殺菌」「浸透促進」「溶剤」など数多くの役割をもっており、化粧品には欠かすことができない成分です。大変便利な成分なのですが、注射前のアルコール消毒でかぶれるなど過敏症の人もいるので、そうした人に向けて、あえてエタノールを使わない、エタノールフリー化粧品にも需要があります。

保湿だけでなく静菌、感触調整にもはたらく

水性保湿剤

|

表示名：グリセリン、BG、DPG、PEG 類、ヒアルロン酸類、
コラーゲン類、糖類

水とゆるく結合して、肌表面で水分を捕まえておく役割を果たす成分です。砂糖水はなかなか蒸発できずに、いつまでもベタベタした状態が続きますが、これは水性保湿剤の性質をよく表しています。化粧品ではグリセリン（→ P.70 参照）、ヒアルロン酸類（→ P.72 参照）、BG（→ P.79 参照）、糖類（→ P.79 参照）などがよく使われます。「保湿作用」が注目されがちですが、それ以外にも雑菌が増殖しにくい環境をつくる「静菌作用」や、使い心地を大きく変化させることができる「感触調整作用」なども重要です。保湿作用なのか、静菌作用なのか、感触調整作用なのか、必要とする作用ごとに適切な水性保湿剤を選んで組み合わせることで良い化粧品が生まれます。

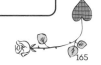

油性成分

・油性成分 ┬ 炭化水素

　　　　　├ 高級アルコール

　　　　　├ 高級脂肪酸

　　　　　├ ロウ

　　　　　├ 油脂

　　　　　├ エステル油

　　　　　└ シリコーン

油性成分は、種類ごとに、水分蒸散抑制、皮膚柔軟性向上、保護、硬さ・ツヤ調整、形状設計など、さまざまな特徴をもっています。

使い分け豊富！

炭化水素

|

表示名： スクワラン、ミネラルオイル、ワセリン、マイクロクリスタリンワックス

強み すぐれた水分蒸散抑制効果による保湿。

弱み 多すぎるとテカリやベタつきなど油性感が目立つ。

炭素と水素だけでできている成分です。数ある油性成分の中でシリコーンと並んで水と混ざりにくい性質が強いので、肌内部からの水分蒸発をさまたげるはたらき（水分蒸散抑制効果）に優れています。常温で、液状・ペースト状・固形と、さまざまな状態で存在できるため、必要に応じて使い分けができます。

洗顔料から美容液まで幅広く活躍する

高級脂肪酸

|

表示名： ステアリン酸、パルミチン酸、ミリスチン酸、ラウリン酸、ヤシ脂肪酸、オリーブ脂肪酸

強み ラウリン酸を原料とした石けんは泡立ちが良い。

弱み ステアリン酸を原料とした石けんは刺激は少ないが、ほかに比べると泡立ちは劣る。

炭化水素に「カルボキシ基」（-COOH）が結合した分子構造の油です。油性成分として単独で配合することはあまりありません。一般的にはアルカリ成分と反応させて石けんを合成する原料として、あるいは、粉体の表面に結合させて油に分散しやすくする表面処理剤として、など、ほかの成分と反応させる組み合わせで使われることがほとんどです。

クリームや乳液に欠かせない

高級アルコール

|

表示名： ステアリルアルコール、セタノール、コレステロール、オクチルデカノール

強み 伸びや硬さを調整するほか、乳化の安定性も高める。

弱み エタノールと同一視されがちだが、エタノールは炭素数が少ない「低級」アルコール。

炭化水素に「水酸基」（-OH）が結合した分子構造の油です。多くは常温で固形です。乳化の安定性を高める作用に優れているので、安定性向上と硬さや伸び具合を調整する目的で多くの乳液やクリームに配合されています。なお、「高級」とは価格のことではなく炭素の数が多いことを意味する用語です。

肌を密閉して水分の蒸発を防ぐ

ロウ・ワックス

—

表示名： キャンデリラロウ、カルナウバロウ、ミツロウ、ホホバ種子油、ラノリン

強み 保湿作用があり、多くの化粧品に使われている。

弱み ホホバ種子油は、冬期や低温になる環境下では固まってしまうことがある。

高級アルコールと高級脂肪酸が1:1で結合した構造の分子が主成分となっている動植物由来の天然油です。多くのものが常温では固体で、加熱すると液体になる性質があり、その性質を利用してスティック状化粧品のベースによく使われます。ロウはアクネ菌のエサになりにくい油なので、ニキビ対応化粧品で油を配合したいときにも使われます。

`油性成分`

ヒトの皮脂と構造が同じ

油脂

—

表示名： マカデミア種子油、オリーブ果実油、アルガニアスピノサ核油、ツバキ種子油

強み ヒトの皮脂の主成分と同じ種類なので皮脂のもつ役割を補える。

弱み ニキビの原因となるニキビ菌のエサになりやすい。

グリセリンと高級脂肪酸が1:3で結合した構造の分子が主成分の、動植物由来の天然油です。私たちの皮脂の主成分も油脂なので、肌なじみがよく、エモリエント効果にも優れている油としてスキンケア化粧品で多用されています。成分名に由来となった動植物の名前が含まれるのでわかりやすく、安心感を与えてくれます。

`油性成分`

`ベース成分①`

天然成分ができないことをカバーする

エステル油

—

表示名： エチルヘキサン酸セチルトリエチルヘキサノイン、ミリスチン酸イソプロピル

強み 天然油にできない高品質、高機能な油ができる。

弱み 名前からして化学物質を感じさせるため、消費者ウケがあまり良くない。

酸とアルコールの結合反応（エステル化反応）を利用して合成した油の総称です。安定性、感触、機能、価格など、油に対するさまざまな要望を満たすため、ロウや油脂と同じ分子構造の油を合成でつくったり（合成ロウ・合成油脂）、天然には存在しない分子構造の油を合成したりしています。

`油性成分`

油分なのにベタつかない意外性が魅力

シリコーン

—

表示名： ジメチコン、シクロペンタシロキサン、アモジメチコン

強み 感触調整剤や撥水剤など幅広い用途で使われている。

弱み 種類が多すぎるうえ、違いがわかりにくく、決定打に欠ける。

ケイ素と酸素が交互に長くつながった分子構造をもった油です。炭素、水素を基本にしたほかの油性成分と比べてベタつきやギトギト感がなく、サラッとした使用感を付与できます。高い撥水性による保護効果の高さも特徴です。油性成分を多く配合したいけれど強い油性感は出したくない日焼け止めやファンデーションに多く使われます。

`油性成分`

「水と油」の仲を取りもつマスト成分

ベース成分②
（界面活性剤）

種類も性質もさまざま。複数の使い道がある

「界面活性剤」は、水性成分と油性成分の仲を取りもち、混ぜ合わせる性質があります。「肌に悪いのでは？」と心配する人もいますが、ひと言で界面活性剤といっても性質も種類もさまざま。もちろん化粧品には多くの人が安心して使えるものが使われています。

　その役割は、水と油を混ぜて乳液やクリームをつくる「乳化」作用や皮脂などの汚れを落とす「洗浄」作用がよく知られていますが、静電気を防ぐ「帯電防止」作用（ヘアケア剤）、「殺菌」作用（制汗剤）など、種類によって特徴があります。

水中油型　　　　　　　　　　　　　　　**油中水型**

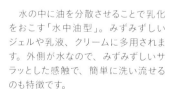

　水の中に油を分散させることで乳化をおこす「水中油型」。みずみずしいジェルや乳液、クリームに多用されます。外側が水なので、みずみずしいサラッとした感触で、簡単に洗い流せるのも特徴です。

　油の中に水を分散させることで乳化をおこす「油中水型」。外側に油があるためややベタつきますが、水だけでは洗い流しにくいのが特徴。ウォータープルーフのリキッドファンデーションや日焼け止めに使われます。

168

界面活性剤
4つの種類

水になじみやすい親水基と油になじみやすい親油基を1つの分子にもつ界面活性剤。親水基のイオン化の性質により以下の4種類に分けられます。

アニオン

陰イオン界面活性剤

水に溶けると「ー」の電気を帯びます。得意分野は洗浄作用で、泡立ちが良いのが特徴。衣類や食器を洗う洗浄剤や、石けん、シャンプー、ボディソープなどの製品に利用されます。乳化作用もあります。

カチオン

陽イオン界面活性剤

唯一、帯電防止作用をもつ界面活性剤。リンスやコンディショナー、柔軟剤に使われます。水に溶けると「＋」の電気を帯びる性質があります。殺菌作用をもつものもあり、薬用石けんや消毒剤に使われます。

両性

アンホ界面活性剤

水に溶けるとpHによって「＋」「ー」どちらにもなります。イオン性界面活性剤と併用すると対イオン的にはたらいてその刺激を緩和する作用もあり、洗浄助剤や乳化助剤として使われます。

非イオン

ノニオン界面活性剤

水に溶けても電気を帯びないので、どんなイオン性の成分とも組み合わせやすく、乳化剤や洗浄剤などとして幅広く使われます。アイスクリームなど乳化系食品にも使われます。

ベース成分②

もっとも古くから使われ続けている合成界面活性剤

石ケン

表示名：ミリスチン酸 Na、ステアリン酸 Na、ミリスチン酸 k、ステアリン酸 k、
パーム脂肪酸 Na、オリーブ脂肪酸 k、石ケン素地、カリ石ケン素地、カリ含有石ケン素地

　油との親和性がありながら水にも強くなじみ、非常に高い洗浄力を発揮します。古くから体や衣類、物を洗うために使われてきた界面活性剤です。ただ、水に含まれるミネラル分と反応すると「石けんかす」ができてしまいます。これは髪を洗う際などに、きしみの原因となり洗いにくく髪が傷んでしまうことも。石ケンの合成法には、高級脂肪酸と強アルカリ性の成分（水酸化 Na や水酸化 K）とを反応させる「中和法」と、油脂と強アルカリ性成分とを反応させる「ケン化法」の 2 種類があります。中和法は、高級脂肪酸と強アルカリ性の成分の中和反応によって石ケンと水を生成する方法。一方、油脂を強アルカリ性の成分で加水分解するケン化法では、石ケンとグリセリンが生成されます。水溶液は弱アルカリ性を示します。中性や酸性にすると石ケンの一部が高級脂肪酸に変化してしまうため、商品は弱アルカリ性でつくります。強アルカリ性の成分として水酸化 Na を使っている場合には「石ケン素地」、水酸化 K を使っている場合は「カリ石ケン素地」、さらに両者の総称としてカリ含有石ケン素地とシンプルに表示されることもあります。

弱酸性のマイルドな洗浄力が魅力

アミノ酸系界面活性剤

表示名：ココイルグリシン K、ココイルグルタミン酸 K、ココイルグルタミン酸 Na、ココイルグルタミン酸 TEA、ココイルミサルコシン Na、ステアロイルグルタミン酸 Na、パーム脂肪酸グルタミン酸 Na、パルミトイルサルコシン Na、ミリストイルグルタミン酸 K、ミリストイルグルタミン酸 Na、ラウロイルアスパラギン酸 Na、ラウロイルグルタミン酸 Na、ラウロイルメチルアラニン Na など

　アミノ酸系洗浄剤、アミノ酸系石ケンなどと総称されることがある界面活性剤です。分子構造を表現している N- アシルアミノ酸塩という呼びかたが多くなされます。アミノ酸系界面活性剤は、石ケン分子の中にグルタミン酸やアスパラギン酸などのアミノ酸が組み込まれた構造をしています。多くは弱酸性で安定のため肌表面の pH と同じ弱酸性の洗浄料を使いたいという人に最適です。石ケンと比べると泡立ちや泡質は劣りますが、アミノ酸という文字のイメージの良さと相まって、「洗浄力がマイルド」という好意的な印象で捉えられています。アミノ酸系界面活性剤にはいろいろな種類がありますが、中でも代表的なのはココイルグルタミン酸 Na です。これはヤシ油由来の脂肪酸とグルタミン酸から合成されたもので、洗ったあとの肌のつっぱり感が少なく、しっとりとした感触が残ります。そのため、敏感肌用としてだけでなく、リンスインシャンプーや子ども用シャンプーなどに、幅広く利用されています。化粧品と医薬部外品では同じアミノ酸系界面活性剤でも名前が異なるものが多数あります。ココイルグルタミン酸 Na も医薬部外品ではより分子構造を表す化学名に近い N- ヤシ油脂肪酸アシル -L グルタミン酸ナトリウムと表記されます。

石けんカスができないので毛髪洗浄に最適

硫酸系界面活性剤　スルホン酸系界面活性剤

表示名：硫酸系界面活性剤：ラウレス硫酸 Na など
スルホン酸系界面活性剤：オレフィン（C14-16）スルホン酸 Na、
ココイルメチルタウリン Na など

石ケンやアミノ酸系界面活性剤の多くは、天然水や水道水に含まれるミネラル分（マグネシウムイオンやカルシウムイオン）と結合して、石けんカスに変化します。毛髪表面に付着するとクシ通りが極めて悪くなり、引っ掛かりによってキューティクルや毛髪そのものを傷めやすくなります。しかし、硫酸系やスルホン酸系のアニオン界面活性剤は、ミネラル分が多い水でも石けんカスができにくい洗浄剤なので、毛髪洗浄に最適です。ヨーロッパでは水のミネラル分が濃い地域が多いので、石けんでは石けんカスの生成によって使い物になりません。そのため、フェイス用やボディ用も硫酸系やスルホン酸系でつくられた商品が多くなっています。タウリンは、栄養学ではアミノ酸に分類されていますが、化学では分子中にカルボキシ基とアミノ基を有する化合物をアミノ酸と分類しているので、タウリンはスルホン酸系化合物でありアミノ酸には分類されません。日本では、硫酸系やスルホン酸系はその名前からくるイメージによって、肌に良くない成分ととられることがあります。そこで、ココイルメチルタウリン Na は分子構造や性質はスルホン酸系でありながら、多くは栄養学での分類に基づいてアミノ酸系に分類しています。

石けんは天然だから安心・安全は本当？

　古くから使われてきた石けんは「"天然のもの"だから安全」と考える人もいます。しかし、石けんは、そもそも"天然物"でありません。

　石けんのはじまりは、古代ローマ。神様に捧げるために焼いたヒツジの油と灰が混ざり、それが染み込んだ土に汚れを落とす力があったことが発見されました。以後、牛やヒツジ・オリーブオイルなどの油脂成分と、木や海藻の灰（アルカリ性の物質）から石けんがつくられてきました。つまり、油脂成分とアルカリを混ぜて、中和反応、あるいはケン化反応を人の手によって起こして、つくられてきたものなのです。

　現代の石けんは、高級脂肪酸、あるいは油脂を、強アルカリと反応させ、工業的に生産されています。工場でつくられていても原理や原料は同じ。何千年にもわたって安全に使われてきた人工の界面活性剤なのです。やみくもに「人工の界面活性剤は危険だ」と唱えるのはあまり意味がないのではないでしょうか。

　界面活性剤には、安全なものもありますし、人体に悪い影響を与えるものもあります。それは天然かそうでないかではなく、成分そのものがもつ性質によるものです。

陽イオンのはたらきで静電気を防ぐ

カチオン界面活性剤①

表示名：ベヘントリモニウムクロリド、ステアルトリモニウムクロリドなど

　界面活性剤のうち、水に溶けると親水基が陽イオン（＋）になるものをカチオン界面活性剤と呼びます。「＋」に帯電しているカチオン界面活性剤は、静電気を帯びた（「－」に帯電している）毛髪に近づくと「＋」と「－」が引き合い、毛髪の表面に吸着します。すると静電気がなくなって毛髪同士の反発がおさまりスタイリングがしやすくなります。また、毛髪表面に吸着したカチオン界面活性剤の親油基によって表面が保護されるとともにすべりと柔軟性が増します。毛髪に水分と油分を補うヘアトリートメントは、水と油を乳化した状態にするために界面活性剤が必要です。カチオン界面活性剤なら1つで「帯電防止」「毛髪保護」「柔軟性向上」そして「乳化」とヘアトリートメントに必要なはたらきを果たすので、ヘアコンディショナーやヘアトリートメントには必須ともいえる成分です。特に親油基が大きなベヘントリモニウムクロリドやステアルトリモニウムクロリドは、毛髪に付着したときの保護効果が高くクシ通りも良いため、よく配合されています。

イオンの力で殺菌！

カチオン界面活性剤②

表示名：ベンザルコニウムクロリドなど

　カチオン界面活性剤（水に溶けたとき親水基が「＋」イオンになる界面活性剤）の中には、細菌やカビなどの微生物に対して高い殺菌効果をもつものもあります。微生物を構成しているたんぱく質は「－」に帯電しているので「＋」に帯電したカチオン界面活性剤を近づけると「＋」と「－」が引き合い、微生物表面にカチオン界面活性剤が付着します。このとき一部のカチオン界面活性剤は、微生物表面のたんぱく質に作用して微生物を破壊（＝殺菌）することができます。
　－イオンをもつ界面活性剤で有名な「石ケン」と逆の、＋イオンをもっているという意味で、殺菌力に優れたカチオン界面活性剤は「逆性石ケン」と呼ばれることもあります。
「殺菌」は化粧品の効能効果にはないので、殺菌効果を標榜する商品は薬用石けんや手指消毒剤など、医薬部外品としてつくられます。そのため化粧品の成分名であるベンザルコニウムクロリドよりも、医薬部外品での成分名「塩化ベンザルコニウム」や「ベンザルコニウム塩化物」のほうが聞き覚えのある人が多いと思います。

アニオンとカチオンのいいとこどり

両性界面活性剤

表示名：コカミドプロピルベタイン、ココアンホ酢酸 Na など

　両性界面活性剤は、溶けた水の pH や共存するほかのイオン性化合物の種類や量によって、親水基がアニオン、カチオンのどちらにもなれる性質があります。アニオン界面活性剤と併用するとカチオン的にはたらいてアニオン界面活性剤の刺激を和らげるなど皮膚刺激性が低く、安全性も高いうえ、洗浄力、殺菌力、静菌力、起泡力、毛髪への柔軟効果、帯電防止効果があるため、洗浄助剤やコンディショニング剤としてアニオン界面活性剤と併用してシャンプーやリンスに使われることが多く、そのマイルドな性質から赤ちゃん用のアイテムにもよく使われています。

　コカミドプロピルベタインは、ヤシ油由来の高級脂肪酸とベタイン（クコやサトウ大根に多く含まれるアミノ酸の一種）から合成されます。皮膚や眼に対して刺激性が少なく、高い増泡力と泡安定性をもち、耐硬水性も良好。ほかの界面活性剤との相溶性も良好で、液体に粘り気をもたせる増粘効果もあるので、シャンプーやボディソープなどの液体洗浄料を使いやすくするためによく使われます。

イオンのことを知っていますか？

　界面活性剤の説明のところで出てきた「イオン」という言葉。中学校の理科で習ったと思いますが、「詳しいことは忘れてしまった」「あらためて考えるとほとんどわからない」という人も少なくないと思います。

　イオンとは、「＋」あるいは「−」の電荷を帯びた状態の原子や分子のことです。ではなぜ電荷を帯びるのでしょうか？

　物質を構成する最小単位である原子は、陽子と中性子からなる原子核と電子で構成されています。原子核は「＋」の電気をもち、電子は「−」の電気を帯びています。1 つの原子がもつ「＋」と「−」の数は同じで、普通の状態では安定しています。しかし、なにか刺激があると電子がとれたり、逆にくっついて増えたりすることがあります。電子がとれたものを陽イオン（＋が多いので）、足りなくなったものを陰イオン（−が多いので）と呼びます。界面活性剤は、このイオンのはたらきをうまく利用しているのです。

乳化状態を安定させるのが得意

非イオン界面活性剤①

表示名：PEG-60 水添ヒマシ油、ポリソルベート 60 など

　水に溶けてもイオン化しない界面活性剤は非イオン界面活性剤と呼ばれます。イオン化しないので、ほかのイオン性化合物や pH の影響を受けにくく、安定な乳化状態を長時間保てるという特徴があります。また、水に溶けやすいものから油に溶けやすいものまで、種類が豊富なのも特徴です。

　非イオン界面活性剤の中で、水との親和性が高い（水に溶けやすい）ものは、水中油型乳化物をつくるのに適しているという特徴があり、スキンケア用の乳液やクリームなどの乳化剤としてよく使われています。中でも親水性が極めて高いものは微量の香料やオイル成分を透明な化粧水や美容液に配合するため（可溶化）にも使用されます。

イオンの力で殺菌！

非イオン界面活性剤②

表示名：ステアリン酸ソルビタン、トリイソステアリン酸 PEG-20 グリセリルなど

　非イオン界面活性剤は水に溶けやすいものから油に溶けやすいものまで種類が豊富にそろっています。その中で油との親和性が高い（油に溶けやすい）界面活性剤は油中水型乳化物をつくるのに適しているという特徴があり、ハンドクリーム、リキッドファンデーション、日焼け止めなどの乳化剤としてよく使われています。また、クレンジングオイルはほとんどが油でつくられるため、配合する界面活性剤は必然的に親油性の非イオン界面活性剤になります。

　ステアリン酸ソルビタンは高級脂肪酸ソルビタン類の 1 つで、ステアリン酸という高級脂肪酸を親油基に、糖類の一種のソルビタンを親水基としています。

界面活性剤の種類

界面活性剤は、水に溶かしたときのイオン化の状態によって、以下の4つに分類できます。

種類	イオン化の状態 （水に溶かした場合）	表示名称での見分け方
アニオン	陰イオン	・「石けん」が含まれる ・最後が「〇〇酸 Na」「〇〇酸 K」「〇〇酸 TEA」「〇〇タウリン Na」「〇〇タウリン K」「〇〇タウリン Mg」 ・「硫酸 Na」「乳酸 Na」「クエン酸 Na」「炭酸 Na」など、油性でない場合は例外
カチオン	陽イオン	・最後が「〇〇クロリド」「〇〇ブロミド」「〇〇アミン」
アンホ	両性 （まわりがアルカリ性なら陰イオン化、酸性なら陽イオン化）	・最後が「〇〇ベタイン」「〇〇オキシド」 ・「〇〇アミン」が含まれる
ノニオン	イオン化しない	・「ポリソルベート」ではじまる ・「〇〇ソルビタン」「〇〇ポリグリセリル-（数字）」「〇〇 DEA」で終わる ・「PEG-(数字)」を含み「〇〇グリセリル」で終わる ・「ソルベス」が含まれる ・「ラウレス-（数字）」「セテス-（数字）」「オレス-（数字）」「ステアレス-（数字）」「ベヘネス-（数字）」「トリデセス-（数字）」「ミレス-（数字）」「イソステアレス-（数字）」「コレス-（数字）」とつく

化粧品の品質を支える縁の下の力持ち

基剤その他の成分

「なぜ配合されているのか」を考える

市販化粧品は、分離、変色、変臭、微生物汚染などを起こさないように、品質を保つ成分を活用してつくられています。しかし、品質を保つためであってスキンケア作用の成分ではないので、不要なものを使っているという印象につながりやすいのも事実。特に防腐剤は、その作用がスキンケア効果とほとんど被らないため、敬遠されがちです。しかし防腐剤は、細菌の増殖や腐敗を防ぐ大切な役割を担っています。品質を安定させる成分は、自分の肌を守るために必要なものなのです。

細菌は化粧品が大好き…！

防腐剤

化粧品は、食品に比べて開封後の使用期間が長く、基本的に常温で保管されます。使用の際、手指についた菌や空中を浮遊する菌が入り込むこともありますし、そもそも化粧品自体に、細菌が好む水や栄養分が豊富に含まれています。化粧品は、細菌が増殖するには絶好の空間なのです。そこで、細菌が繁殖しないように使われるのが防腐剤です。日本では安全性が確認され、許可された防腐剤だけが使えるポジティブリスト制になっています（→ P.42 参照）。また、パラベンは、実は実績も安全性も高い成分です。アレルギーがないのであれば、特に避ける必要はありません。

金属イオンから製品を守る

キレート剤

水には、カルシウムイオンやマグネシウムイオンなど、ミネラル分と呼ばれるさまざまな金属イオンが含まれており、この金属イオンが化粧品の品質劣化を起こす場合があります。例えば界面活性剤の石ケン素地は、ミネラルと結合すると界面活性を失って、洗浄力がなくなってしまいます。また、化粧品成分の中には金属イオンと反応して変色してしまう成分もあります。この問題を解決するのがキレート剤（金属イオン封鎖剤）。キレート剤は、金属イオンと非常に結合しやすい成分で、どの成分よりも素早く金属イオンと結合することでほかの成分を金属イオンから守ります。

増粘剤

化粧品は、増粘剤のはたらきによって、さまざまなテクスチャーを楽しむことができます。増粘剤とは、液体に溶かすことで、とろみをつけたり、硬さをもたせたりする成分です。乳液の分離を抑制する乳化安定作用にはたらいたり、化粧品がポタポタとたれないようにして使い心地をアップさせたり、高級感を演出したりします。水に溶かす増粘剤には、カルボマーやキサンタンガム、油に溶かす増粘剤にはパルミチン酸デキストリンなどがよく使われます。乳化機能を加えた増粘剤（高分子乳化剤→ P.179 参照）も開発されており、独特な使い心地の製品に多用されます。

pH 調整剤

化粧品の pH（酸性とアルカリ性のバランス）が簡単に変わってしまわないよう、安定させるために使われるのが、pH 調整剤です。肌の pH が弱酸性なので、化粧品も同じ弱酸性の pH がいい、という考え方があります。また、酸性条件では微生物の増殖が抑えられるので、少ない防腐剤で十分な防腐性が得られることも知られています。そのため、弱酸性でつくられている化粧品はたくさんあります。

さまざまな pH に安定させる pH 調整剤がありますが、特にクエン酸とクエン酸 Na のセットは、弱酸性で安定させる作用をもちます。

香料

香りは、メンタルや体調にも影響を与えます。化粧品にとって、香りづけの「香料」は大切な成分です。また、原料のにおいを隠す「マスキング」のために使われることも。香料には植物や動物から抽出した「天然香料」と、天然香料を分析して香りの成分だけを特定した「合成香料」があります。天然香料のラベンダー油とオレンジ油、合成香料のオイゲノールとシトロネロールを使用した場合、成分表示にはまとめて「香料」と記載することも、天然香料の2つのみ記載して合成香料を「香料」とまとめてしまうことも、4つの名前をすべて記載することもできます。

酸化防止剤

油脂や界面活性剤、ビタミンなどは酸化しやすい成分。それらが酸化すると、変色や変臭を起こしたり、肌に悪影響を及ぼしたりすることもあります。そこで活躍するのが酸化防止剤です。この成分の特徴は、それ自体がとても酸化しやすいこと。つまり、酸素を引き寄せて自らが酸化することでそのほかの成分を酸化から守ります。ですから、配合されるのは、酸化しても色やにおいにも変化のない無害な成分です。トコフェロール（ビタミンE）は印象が良いので化粧品成分を酸化から守る酸化防止剤としてだけでなく、肌を活性酸素の酸化ダメージから守る抗酸化成分として使われることもあります。

増粘剤

水性成分のとろみや硬さを調節

水溶性増粘剤

表示名：キサンタンガム、セルロースガム、カルボマー、ケイ酸、ベントナイトなど

　水性成分にさまざまな粘度（とろみや硬さ）をつけたい場合に配合する成分を総称して水溶性増粘剤と呼びます。キサンタンガムは、天然由来の増粘剤。キャベツに含まれている成分で、工業的につくる場合には、炭水化物をキサントモナス菌で発酵させて生成します。水や熱湯によく溶け、濃度が薄くても溶液の粘度を高めることができます。乳液や美容液にしっとり感を与えてくれる調整剤です。また、ファンデーションやアイシャドーなどの粉状の化粧品では、粉を固形状にするために用いられます。天然由来の増粘剤には、植物の繊維質から合成されるセルロースガムや、泥や粘度の成分からつくられる粘土系増粘剤のケイ酸やベントナイトなどもあります。一方、化学的に合成される増粘剤の代表が、カルボマー。水溶性増粘剤の中でも優れた増粘性をもち、配合する分量でとろみの調整が可能です。キサンタンガムなど多糖類の増粘剤に比べて腐りにくく、微生物汚染に強いので、使いやすい増粘剤です。また、アルカリ性の成分で中和すると増粘性が増すため、水酸化Kや水酸化Naなどのアルカリ性成分と一緒に使われます。

増粘剤

油成分主体の化粧品で活躍

油溶性増粘剤

表示名：パルミチン酸デキストリン、ジステアルジモニウムヘクトライト、
ステアラルコニウムヘクトライトなど

　油に溶けて、さまざまな粘度（とろみや硬さ）をつけるために配合する成分を総称して油溶性増粘剤と呼びます。水性成分のほとんど入っていないクレンジングオイルや、油中水型のリキッドファンデーションなどによく使用されます。ジステアルジモニウムヘクトライトとステアラルコニウムヘクトライトは、油と混ざりやすくなるように改質した泥や粘土の成分からつくられた有機変性粘土鉱物。ジステアルジモニウムヘクトライトは、オイルベースの化粧品やパウダー状のメイクアップ製品に広く使われています。ステアラルコニウムヘクトライトは粘土成分を親油性に改質させたもので、油中水型乳化物の安定性を高めます。ロウやワックス、高級アルコール（分子中の炭素原子数が多いアルコール）といった固形油、ペースト状の油にも、油を増粘させる機能があるので、増粘剤として配合されています。パルミチン酸デキストリンは、高級脂肪酸のパルミチン酸と、デンプンからつくられたデキストリンを化合して生成された増粘剤。液状の油性成分（炭化水素、エステル、トリグリセリド系のオイル）に溶かすことでとろみをつけたり、ゲル化したりするはたらきがあります。

水と油を安定させる機能をもつ

高分子乳化剤

表示名：（アクリレーツ／
アクリル酸アルキル（C10 − 30））クロスポリマー、
（アクリル酸 Na ／アクリロイルジメチルタウリン Na）コポリマーなど

　増粘剤は、水や油にとろみや硬さをつけるために使われていますが、最近では、界面活性剤のように水と油を混ぜた状態で安定させる機能ももつ増粘剤が開発されています。こうした増粘剤を高分子乳化剤と呼びます。高分子乳化剤の登場で生まれたのがジェルクリーム（→ P.59 参照）で、油分が少ない乳液の成分でも、クリームのようななめらかさを実現することができるようになりました。酸性の（アクリレーツ／アクリル酸アルキル（C10 − 30））クロスポリマーは、アルカリと中和させ pH が中性になったときに最大の効果を発揮するので、水酸化 K や水酸化 Na と一緒に使われます。そのため、成分表示では、（アクリレーツ／アクリル酸アルキル（C10 − 30））クロスポリマーと水酸化 K や水酸化 Na が一緒に記載されます。ただし、中和後の最終反応生成物の名称で表示される場合には、（アクリレーツ／アクリル酸アルキル（C10 − 30））クロスポリマー K という名称で表示されます。（アクリル酸 Na ／アクリロイルジメチルタウリン Na）コポリマーも、同様の機能があります。この成分は、乳液やクリームを簡単につくることができる混合原料（→ P.43 参照。あらかじめ油性成分と少量の界面活性剤を混ぜ合わせたもの）に配合されていることが多く、その場合の成分表示には油性成分（トリエチルヘキノイン、イソヘキサデカンなど）や界面活性剤（ポリソルベート 80 など）と一緒に記載されます。

防腐剤

抗菌力の強さで使い分け

パラベン類

表示名： メチルパラベン、エチルパラベンなど

　微生物や菌の死滅・減少、増殖抑制の効果があり、水性成分が腐敗するのを防ぎます。パラオキシ安息香酸エステルの総称で、種類によって効果を及ぼす微生物や菌が異なるので、複数を組み合わせ、抗菌効果を上げることがあります。化粧品で主に使われるパラベンは、メチルパラベン、エチルパラベン、プロピルパラベン、ブチルパラベン。抗菌力はこの順に強くなります。日本では肌への刺激が少ないメチルパラベンやエチルパラベンの使用が主流。配合量も全体の最大 1%と定められています。

防腐剤

パラベンに代わる抗菌成分

フェノキシエタノール

表示名： フェノキシエタノール

　高い抗菌効果をもつパラベン類に代わる防腐剤として、近年使用が増えています。パラベンフリーやパラベン不使用を謳い文句にしている化粧品に配合されていることが多い成分で、アルコールの1種、グリコールエーテルからつくられています。パラベン類の効果が出にくい微生物に有効ですが、パラベン類よりも抗菌力が弱く、単体で配合する場合には量が増えてしまいます。その欠点を補うためにパラベン類と併用する場合があり、単体で使用するよりもより多くの微生物や菌に対応できます。

防腐剤

組み合わせて抗菌力を上げる

その他防腐剤

表示名：安息香酸 Na、ヒノキチオール、デヒドロ酢酸 Na、O- シメン -5- オールなど

　安息香酸 Na は、エゴノキ科アンソクコウノキという樹木の樹脂（安息香）から生成される成分です。粒状あるいは結晶状の固体で色は白。においはありません。殺菌作用はさほど強くありませんが、静菌作用（→ P.164 参照。微生物が育ちにくい環境をつくることで微生物を自然に死滅させる作用）があり、多くの化粧品で使われています。効果が発揮できるのは酸性の状態で、中性に近くなると腐敗効果が失われてしまいます。そのため、幅広い pH で効果を発揮するパラベン類と併用されることも。食品にも使われる安全な防腐剤です。ヒノキの樹皮から抽出・精製した防腐剤がヒノキチオールで、アルコールに溶けやすい特徴があります。白色から黄色の結晶、あるいは結晶性の粉末またはかたまりです。針葉樹に特有のにおいがあります。抗菌効果だけでなく、フケやかゆみ防止の作用もあるため、養毛剤・育毛剤の有効成分として使われます。ほかにも、静菌作用があり、メイクアップ製品からスキンケア・頭皮ケアの製品などまで幅広く使用されているデヒドロ酢酸 Na、さまざまな微生物への高い殺菌作用があり、微生物が原因となる肌のトラブル（ニキビなど）や頭皮のフケを抑える作用がある O- シメン -5- オールなどがあります。

脂質の酸化を防ぐ

BHT

|

表示名：ＢＨＴ、ジブチルヒドロキシトルエン（部外）

　化粧品にはマカデミア種子油やツバキ種子油などの油脂（→ P.167 参照。動植物から採取した油や脂肪のこと。炭化水素とは分子構造が違う）が多く含まれています。これら油脂は、スキンケアやメイクアップ、さらにヘアケアなど、さまざまな商品に使われており、化粧品には欠かせない成分です。しかし、酸化することによって色やにおい、性質が変わり、場合によっては肌に悪い影響を与えることもあります。そのような、油脂の酸化防止を目的に配合されるのが BHT です。BHT は、医薬部外品には「ジブチルヒドロキシトルエン」と表示され、別名はブチル化ヒドロキシトルエン。化粧品の表示名である BHT は、ブチル化ヒドロキシトルエン（ButylatedHydroxyToluene）の略称で、無色や白色、黄褐色の結晶で、無味無臭です。水には溶けませんが、多価アルコール類やオイルにはよく溶けるので、油性成分の多い化粧品の酸化防止剤として適しています。ほかの酸化防止剤に比べ、耐熱性に優れているという特徴があります。酸化によって退色や変色する成分を含むメイクアップ製品には、とてもよく使われている成分です。

抗酸化作用も注目の成分

トコフェロール

|

表示名：トコフェロール、dl-α-トコフェロール、d-δ-トコフェロール、
天然ビタミンE など

　トコフェロールとは、実はビタミンＥのことです。以前は、化学的に合成された dl-α-トコフェロール、d-δ-トコフェロール、天然ビタミンＥという 3 種類の表記がありましたが、今は「トコフェロール」という名称に統一されています。粘り気のある液体で、色は黄色〜黄褐色をしています。水にはほとんど溶けませんが、オイルやアルコールにはよく溶けるので、オイルやアルコールを使っている化粧品の酸化防止剤として使われています。酸化防止剤の機能は、活性酸素を引き寄せて自らが酸化することによって、ほかの成分が酸化することを防ぐ、自己犠牲性のパターンがほとんど。そのため近年は、紫外線や活性酸素による皮膚の酸化（＝老化）を防ぐ抗酸化の機能をもつ成分としての研究が進められています。トコフェロールは基剤だけではなく、エイジンケアを目的とした成分として使われることもあります。酸化防止剤ですがビタミンＥなので、安全性や信頼性も問題ありません。また、皮膚の血液循環を良くするはたらきもあるので、肌荒れをケアする化粧品、エイジングを目的とした化粧品、血流の改善で肌がくすまないようにする化粧品など、幅広い商品に使われています。

酸化防止剤

酸化防止剤

基剤その他の成分

泡立ちや洗浄力をキープ

EDTA 塩類

表示名：EDTA-2Na、EDTA-3Na、EDTA-4Na、エデト酸塩、
エチレンジアミン四酢酸二ナトリウム など

　エチレンジアミンとクロロ酢酸ナトリウムから合成されるエチレンジアミン4酢酸およびその塩類のことで、エデト塩酸類とも呼ばれています。化粧品の成分の中に金属イオン（カルシウムや鉄、マグネシウムなどのイオン）、つまりミネラル分が含まれていると、たとえ微量であっても変色や沈殿などの原因となり、品質が劣化してしまいます。EDTA 塩類はそうした金属イオンのはたらきを効果的に防ぐ作用があるので、泡立ちや洗浄力が必要な石けんや洗顔料、シャンプーなどによく配合されています。よく使用される成分にEDTA-2Na があります。白い粉状の物質で、においはありません。ちなみに、環境に影響のある化学物質を定め、その利用や管理についてのルールを策定したPRTR 法で、「第一種指定化学物質」に指定されているEDTA という成分があります。EDTA 塩類と名前が似ていますが、構造が違う物質です。安全性評価についてEDTA-2Na で説明すると、食品添加物として認められていることや長年の使用実績の中で皮膚刺激性や眼刺激性、アレルギー性などいずれもほとんどなし、という結果になっており、一般的に安全性に問題のない成分であるといえます。

色の変化や成分の沈殿を防止

エチドロン酸塩類

表示名：エチドロン酸、エチドロン酸 4Na など

　1-ヒドロキシエタン-1、1-ジホスホン酸またはそのナトリウム塩のことで、それを水に溶かした状態で利用します。無色透明、無味無臭の液体です。変色や、沈殿物の発生を防ぐ目的で利用されます。

中和の状態を安定させる

アルカリ性剤

|

表示名：水酸化 Na、水酸化 K、TEA など

　水に溶けるとアルカリ性（pH7〜14）を示す成分で、化粧品に含まれる酸性の成分と一緒に配合すると中和反応を起こすことで、さまざまな機能を発揮します。アルカリ性剤として用いられる代表的な pH 調整剤に、水酸化 Na と水酸化 K があります。水酸化 Na は食塩を電気分解して精製されます。白色の固体で、大変水に溶けやすい性質があります。どちらもとてもアルカリ性が強く、腐食性のある劇物なので化粧品に単体で配合されることはありません。酸性の高級脂肪酸（ステアリン酸やラウリン酸など）と一緒に使い、中和反応で石けんを合成する、カルボマーや（アクリレーツ／アクリル酸（C10-30））クロスポリマーなどと一緒に使うことで増粘効果を出します。TEA（トリエタノールアミン）は、アンモニア水と酸化エチレンを反応させてつくられます。無色から淡黄色の液体で、吸湿性と、わずかにアンモニア臭があります。空気に触れたり、紫外線が当たったりすると褐色に変色します。合成界面活性剤や乳化成分（ステアリン酸などの高級脂肪酸と一緒に用いる）の原料や、ジェルをつくる際の増粘剤として使われるカルボマーや（アクリレーツ／アクリル酸（C10-30））クロスポリマーの中和剤などとして使用されます。

人の肌に近い pH を維持

酸性剤

|

表示名：クエン酸、リンゴ酸、グリコール酸、アスコルビン酸、
DL- リンゴ酸など

　化粧品の pH を人の肌（pH4.5〜6.5）に近い弱酸性や中性に保つために使われるのが酸性の pH 調整剤です。クエン酸は無色透明の結晶、あるいは粉状の物質で、酸味があります。ヒトの体のエネルギー代謝に必須の成分で、食品添加物にも使われるほど安全性の高い成分です。クエン酸は pH 調整剤とキレート剤、両方の機能があり、どちらにも使用できる優れものの成分です。また、pH を安定させる pH 緩衝剤として使用する際には必ず、クエン酸 Na やクエン酸 2Na と組み合わせます。リンゴ酸（→ P.137 参照）は、リンゴ、ザクロ、ブドウなどの果物や野菜に含まれている成分でフルーツ酸や AHA などと呼ばれることもあります。形状は、白色の粉体あるいは結晶。pH 調整剤としての役割もありますが、角質を溶かして新陳代謝を促すはたらきもあるので、ピーリング剤にも用いられます。グリコール酸、乳酸、クエン酸にも同様の効果があります。フルーツ酸と聞くと肌にやさしいイメージが浮かびますが、強い酸性なので敏感肌の人は刺激を感じるかもしれません。ただし、配合されている場合には、誰もが安心して使える量になっているので、それほど神経質になる必要はありません。

自分だけの化粧品を
つくってみよう

Method 1

原液をカスタマイズして化粧水をつくる

自分の肌悩みに合わせて、オリジナル化粧水をつくってみましょう。原液を組み合わせて、あなただけの化粧水をつくりながら、成分についても学べる楽しい体験ができる店舗もあります。

〒150-0001
東京都渋谷区神宮前 3-4-7
エルム青山 1 階
03-6877-1492
TUNEMAKERS（チューンメーカーズ）
路面店原液ワークショップ
https://www.tunemakers.net/shopinfo/

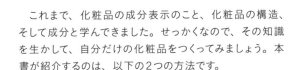

　これまで、化粧品の成分表示のこと、化粧品の構造、そして成分と学んできました。せっかくなので、その知識を生かして、自分だけの化粧品をつくってみましょう。本書が紹介するのは、以下の2つの方法です。

Method 2

化粧水手作りキットを使ってみる

　同じ成分を配合しても、配合量によっては使用感が異なります。実際に原料に触れ、自分好みのオリジナルをつくることができる手作りキットです。

化粧水手作りキット

① グリセリン　20mL
② BG　20mL
③ ヒアルロン酸Na　10mL
④ ソルビトール　10mL
⑤ フェノキシエタノール　10mL
⑥ 50mL容器（1本）
⑦ 1mLシリンジ（5本）

※別途、薬局で精製水をご購入ください。

〈作りかた〉

1. 自分の肌質にあった量のフェノキシエタノールを、空容器に入れます。
2. **1** にBGを加え、よく振って混ぜます。
3. 自分の肌質にあった量のグリセリン・ソルビトール・ヒアルロン酸Naを **2** の容器に加え、よく振って混ぜます。
4. 最後に精製水を全体量が50mLになるまで加え、よく振って混ぜて、できあがりです。

化粧水手作りキット | CILA 化粧品成分検定協会 (seibunkentei.org)

成分名
Index

ア行

（アクリル酸 Na ／アクリロイルジメチルタウリン Na）
コポリマー 179
（アクリレーツ／アクリル酸アルキル（C10-30））ク
ロスポリマー ....59、179
（アクリル酸ヒドロキシエチル／アクリロイルジメチ
ルタウリン Na）コポリマー 53
アスコルビルグルコシド ....44、94
アスコルビン酸 183
アスコルビン酸２グルコシド 94
アスコルビン酸エチル 90
アスコルビン酸グルコシド 94
アスタキサンチン ....48、103、116
アスパラギン酸 78
アセチルヒアルロン酸 Na 72
アセチルヘキサペプチド-8 109
アデノシン一リン酸二ナトリウム OT 101
アテロコラーゲン 74
アミノ酸 ....44、78、91
アミノ酸系界面活性剤 23
アミノ酪酸 124
アモジメチコン ....65、167
アラニン 78
アラントイン ....17、152
アルガニアスピノサ核油 ....59、61、167
アルガニアスピノサカルス培養エキス 119
アルギニン 44
アルジルリン 109
アルブチン ....81、82
安息香酸 Na ....48、65、180
イオウ ....133、150
イザヨイバラエキス 61
イソステアリン酸 PEG-8 グリセリル 53
イソステアリン酸ソルビタン 53
イソヘキサデカン 53

エタノール ....43、55、66、165
エチドロン酸 182
エチドロン酸４Na 182
エチルパラベン 180
エチルヘキサン酸セチル 53
エチルヘキサン酸セチルトリエチルヘキサノイン 167
エチレンジアミン四酢酸二ナトリウム 182
エデト酸塩 182
エナジーシグナル AMP 101
エラグ酸 ....81、99
エラスチン ....48、120
エリスリトール ....57、79
塩化 Na 65
塩化レボカルニチン 126
塩酸ピリドキシン 140
オウレンエキス 148
オウレン根エキス 148
オキシベンゾン 157
オキシベンゾン-1 158
オキシベンゾン-2 158
オキシベンゾン-3 ....41、158
オキシベンゾン-4 158
オキシベンゾン-5 158
オキシベンゾン-6 158
オキシベンゾン-9 158
オキシベンゾン類 158
オクチルドデカノール 166
オリーブ果実油 ....53、61、167
オリーブ脂肪酸 166
オリーブ葉エキス ....57、144
オリゴペプチド-2 41
オレイン酸 40
オレイン酸 K 40
オレフィン（C14-16）スルホン酸 Na 171
温泉水 165

カ行

海洋性プラセンタ 96
加水分解ウマプラセンタ 96
加水分解エラスチン 120

加水分解コラーゲン.............................44、55、59、74
加水分解コンキオリン.....................................65
加水分解サケ卵巣エキス.................................96
加水分解ヒアルロン酸.................................61、72
加水分解卵殻膜...121
カドミウム化合物...42
カニナバラ果実油..61
カミツレエキス..86
カミツレ花エキス..86
カモミラET..86
カラメル...59
カリ含有石ケン素地......................................170
カリ石ケン素地.................................23、51、170
カルナウバロウ...167
カルボキシビニルポリマー.................................13
カルボマー..13、57、59、178
カルボマーK...13
カルボマーNa..13
カルボマー類...10、13
幹細胞培養液.....................................102、119
キサンタンガム............10、12、44、55、57、59、178
キシリット...79
キシリトール..79
キャンデリラロウ..167
クエン酸.............................47、55、65、183
クエン酸Na...55
グリコール酸.......................................134、183
グリセリン........6、7、23、41、51、53、55、57、59、
61、69、70、165
グリチルリチン酸2K..............65、93、98、152、154
グリチルリチン酸ジカリウム..............................154
グリチルレチン酸ステアリル........................17、155
グルコース...79
グルタミン酸...78
クロロホルム...42
クワエキス..100
ケイ酸..178
ゲットウ..121
ゲットウ葉エキス...121
高級脂肪酸カリウム塩...............................23、51
高級脂肪酸ナトリウム塩...................................51

コウジ酸...84
高重合ポリエチレングリコール.......................11、78
合成スクワラン...76
香料.........................51、53、55、59、60、65、177
コエンザイムQ10......................................48、114
コカミドDEA..46
コカミドMEA..65
コカミドプロピルベタイン...........................65、173
コケモモ果実エキス......................................100
ココアンホ酢酸Na..173
ココイルグリシンK.......................................170
ココイルグルタミン酸K..................................170
ココイルグルタミン酸Na................................170
ココイルグルタミン酸TEA...............................170
ココイルミサルコシンNa.................................170
ココイルメチルタウリンNa.........................65、171
米エキスNo.11..79
米エキスNo.6...79
米抽出液...4
コメヌカスフィンゴ糖脂質.........................130、147
コメヌカ油...61
コラーゲン...48
コラーゲン類...74、165
コレステロール...166
コロイド性白金...112

サ行

サイタイエキス...96
酢酸DL-α-トコフェロール...............................120
酢酸トコフェロール.....................................120
サクシニルアテロコラーゲン................................74
サクシノイルアテロコラーゲン.............................74
サリチル酸...133、138
酸化亜鉛...157、163
酸化チタン....................................51、157、162
シア脂..57
シカ...2、5
ジグリセリン...41、51
シクロペンタシロキサン.........................41、43、167
ジステアリン酸グリコール..................................65

ジステアルジモニウムヘクトライト 178
ジブチルヒドロキシトルエン 181
ジプロピレングリコール 78
ジメチコン ....57、59、65、167
純粋レチノール 104
植物性スクワラン 76
植物性プラセンタ 96
シロキクラゲ多糖体 44
シロキサン 41
水酸化K ....51、57、59、183
水酸化Na ....51、183
水添レシチン 44
水溶性コラーゲン ....44、74
水溶性コラーゲン液 74
水溶性プロテオグリカン 78
スクロース ....51、79
スクワラン ....53、55、57、59、61、63、69、73、
76、77、105、166
スクワランオイル 76
ステアラルコニウムヘクトライト 178
ステアリルアルコール ....59、65、166
ステアリン酸グリセリル ....51、59
ステアリン酸 ....40、51、166
ステアリン酸K 40
ステアリン酸Na 40
ステアリン酸ソルビタン ....57、174
ステアルトリモニウムクロリド ....65、172
ステアロイルグルタミン酸Na 170
ステアロイルメチルタウリンNa 59
セイヨウオオバコ ....103、120
セイヨウオオバコ種子エキス 120
セージ葉エキス 43
セタノール 166
セチルPGヒドロキシエチルパルミタミド 131
石ケン素地 ....51、170
セテアリルアルコール 57
セラミド ....73、91、111、128
セラミドAG ....9、128
セラミドAH 128
セラミドAP ....9、128
セラミドEOP ....9、128

セラミドEOS 128
セラミドNG ....9、128
セラミドNP 128
セラミドNS 128
セラミド類 ....6、9、77、128
セリン 44
セルロースガム 178
ソルビット液 79
ソルビトール ....51、55、79

タ行

ダマスクバラ胎座培養エキス 96
チオクト酸 ....103、118
チャ葉エキス 59
チョウジエキス 146
ツバキ種子油 167
ツボクサエキス 5
ツボクサ葉／茎エキス 5
テトラ2-ヘキシルデカン酸アスコルビルEX ....88、95
テトラヘキシルデカン酸アスコルビル 95
デヒドロ酢酸Na 100
天然ビタミンE 181
トウガラシチンキ 42
トウキ根エキス 59
糖類 ....23、79、164、165
トコフェリルリン酸Na 120
トコフェロール ....48、53、57、61、181
トラネキサム酸 ....89、98
トリイソステアリン酸PEG-20グリセリル .....53、174
トリエチルヘキサノイン 59
トリ（カプリル酸／カプリン酸）グリセリル 61
トレチノイン 104
トレハロース 79

ナ行

ナイアシンアミド 108
ニールワン ....2、3、102、106
ニオイテンジクアオイ油 61
ニコチン酸アミド 108

乳酸 136
濃グリセリン .... 7、70

ハ行

パーム核油 51
パーム脂肪酸グルタミン酸Na 170
ハイドロキノン ....82、83
白糖 79
白金ナノコロイド 112
ハトムギ種子エキス 55
パパイン 139
パラベン 48
パラメトキシケイ皮酸2-エチルヘキシル 160
パルミチン酸 ....40、51、166
パルミチン酸Na 40
パルミチン酸アスコルビルリン酸3Na 88
パルミチン酸デキストリン ....177、178
パルミトイルサルコシンNa 170
ヒアルロン酸 ....97、102
ヒアルロン酸Na ......43、44、55、57、59、61、69、72、165
ヒアルロン酸類 ....72、164、165
ビスグリセリルアスコルビン酸 ....88、91
ビタミンA誘導体 104
ビタミンC誘導体 ....44、81、88、90、111、133
ビタミンE 48
ビタミンE誘導体 ....44、120
ヒト脂肪細胞順化培養液エキス 119
ヒトプラセンタエキス 96
ヒドロキシエチルセルロース 65
ヒノキチオール 180
ピリドキシンHCl ....133、140
ピリドキシン塩酸塩 140
フェノキシエタノール ....48、53、55、180
ブドウ糖 79
フラーレン ....110、115
プラセンタエキス ....81、96
プロテアーゼ 139
プロテオグリカン 78
プロパンジオール 61

プロリン 44
ベヘニルアルコール ....59、65
ベヘントリモニウムクロリド ....65、172
ヘマトコッカスプルビアリスエキス 116
ベンザルコニウムクロリド 172
ベントナイト 178
ホウ酸 42
ホホバ種子油 ....61、167
ポリエチレングリコール20000 ....11、78
ポリエチレングリコール300 ....11、78
ポリエチレングリコール400 ....11、78
ポリクオタニウム-10 65
ポリクオタニウム-51 59
ポリシリコーン-11 41
ポリシリコーン-14 41
ポリソルベート60 ....53、57、174
ホワイトトラネキサム酸 98

マ行

マイクロクリスタリンワックス 166
マカデミア種子油 ....6、8、57、61、79、167
マカデミアナッツ油 ....8、79
マルチトール 79
マルチトール液 79
マンニトール 79
水 ....51、53、55、57、59、61、65、69、165
ミツロウ 167
ミネラルオイル ....47、53、69、75、129、166
ミリスチン酸 ....51、166
ミリスチン酸イソプロピル 167
ミリストイルグルタミン酸K 170
ミリストイルグルタミン酸Na 170
メチルパラベン ....51、55、57、59、63、65、180
メチルプロピルアミノカルボニルベンゾイルアミノ酢酸Na ....3、106
メドウフォーム油 ....59、61
メトキシケイヒ酸エチルヘキシル ....63、157、160
メトキシケイヒ酸オクチル 160
メロン胎座エキス 96

ヤ行

ヤシ脂肪酸 166
ヤシ油脂肪酸 PEG-7 グリセリル 53
ユビキノン ....48、114
ユビデカレノン 114

ラ行

ライスパワー ....2、4、79
ライスパワー No.11 .... 4、79
ライスパワー No.6 .... 4、79
ライスパワーエキス 79
ラウリン酸 ....51、166
ラウレス -23 65
ラウレス硫酸 Na ....65、171
ラウロイルアスパラギン酸 Na 170
ラウロイルグルタミン酸 Na 170
ラウロイルメチルアラニン Na 170
ラノリン 167
ラベンダー油 61
卵殻膜 121
リシン 44
リノール酸 101
流動パラフィン 75
リンクルナイアシン ....89、108
リンゴ果実細胞培養エキス 119
リンゴ酸 ....137、183
リン酸 L- アスコルビルマグネシウム ....88、92
リン酸 L- アスコルビン酸エステルマグネシウム 92
リン酸アスコルビル Mg ....44、92
リン脂質 44
レシチン 44
ルシノール 100
レチノール ....74、97、102、104、115
レンゲソウ 121
レンゲソウエキス 121
ローズ水 ....61、165
ローズマリーエキス ....87、147
ローズマリー葉エキス 147
ローズマリー葉油 61
ローヤルゼリー酸 142

ワ行

ワセリン ....47、166

A to Z

AA2G 94
APM 92
BG ....43、51、55、57、59、79、165
BHT ....48、53、59、181
dl- α - トコフェリルリン酸ナトリウム 120
dl- α - トコフェロール 181
DL アラニン 78
DL- リンゴ酸 ....137、183
DPG ....55、59、65、78、165
d- α - トコフェロール 181
D- マンニット 79
EDTA-2Na ....51、55、65、182
EDTA-3Na 182
EDTA-4Na ....51、182
L- アスコルビン酸 2 - グルコシド ....88、94
L- アスパラギン酸 78
L- アラニン 78
L- グルタミン酸 78
m トラネキサム酸 98
N- (ヘキサデシロキシヒドロキシプロピル) -N- ヒドロキシエチルヘキサデカナミド 131
N- アシルアミノ酸塩 23
PEG 23
PEG/PPG/ ポリブチレングリコール -8/5/3 グリセリン 66
PEG-6 ....11、41、51、78
PEG-8 ....11、41、55、78
PEG-20 41
PEG-30 41
PEG-32 ....41、51
PEG-60 水添ヒマシ油 ....55、66、174
PEG-75 41
PEG-90M ....11、65、78
PEG-150 41
PEG-400 ....11、41、78
PEG 類 ....10、11、41、78、165

PG..65
t-AMCHA 98
TEA 183
t-ブチルメトキシジベンゾイルメタン ....157、161
VC-IP 95
VCエチル 90

α-アルブチン......................................82
αリポ酸..118
β-アルブチン......................................82
γ-アミノ酪酸.......................................124

数字

O-シメン-5-オール 180
1,3-ブチレングリコール...........................79
10-ヒドロキシデセン酸 142
3-O-エチルアスコルビン酸.....................88、90、92
三フッ化イソプロピルオキソプロピルアミノカルボニル
ピロリジンカルボニル ....3、106
4-n-ブチルレゾルシノール.....................100
4-tert-ブチル4'-メトキシジベンゾイルメタン.......161
4-メトキシサリチル酸カリウム塩 101

＜メーカー問い合わせ先＞
イー・エス・エス　0120-8818-25
イグニス お客様相談室　0120-664-227
岩城製薬 美容医療部　03-3668-1579
カネボウ化粧品　0120-518-520
株式会社コジット　06-6532-8140
コーセーお客様相談室　0120-526-311
三省製薬株式会社　0120-847-447
ジョンソン・エンド・ジョンソン株式会社
　　コンシューマー カンパニー　0120-101-110
全薬工業株式会社　お客様相談室　03-3946-1126
チューンメーカーズお客様相談室　0120-964-117
ドクターシーラボ　0120-371-217
株式会社ナノエッグ　0570-055-710
ポーラお客さま相談室　0120-117111
松山油脂お客様窓口　0120-800-642
明色化粧品　電話番号：0120-12-4680
桃谷順天館 ジュネフォース事業部　電話番号：0120-12-4680
桃谷順天館 RF28　電話番号：0120-74-2828

久光一誠（ひさみつ・いっせい）

博士（工学）。1991年東京理科大学基礎工学部卒業。1997年同大基礎工学研究科博士課程を修了し、株式会社ファンケルに入社。化粧品研究所で11年間主にスキンケア商品開発に従事。現在は、有限会社久光工房 代表取締役、一般社団法人化粧品成分検定協会 代表理事、国際理容美容専門学校非常勤講師、東京工科大学非常勤講師、神奈川工科大学非常勤講師。

スキンケア監修　岡部美代治（おかべ・みよし）

株式会社コーセーの研究所を経て、株式会社アルビオンにて商品開発、マーケティング等を担当、数多くのヒット商品を手がける。現在は、化粧品研究で培った豊富な知識と経験を生かし、商品開発や美容教育のコンサルティングやセミナーを行うほか、数多くのメディアで活躍。スキンケアを中心とした美容全般をわかりやすく解説し、正しい美容情報を発信している。

原稿協力	高木さおり、小川裕子、久島玲子
本文・カバーデザイン	荻原佐織（PASSAGE）
本文・カバーイラスト	ちん ゆうみ（studio nox）
編集協力	佐藤友美（ヴュー企画）
校正	株式会社ぷれす

効果的な「組み合わせ」がわかる
化粧品成分事典

監修者　久光一誠
発行者　池田士文
印刷所　日経印刷株式会社
製本所　日経印刷株式会社
発行所　株式会社池田書店
　　　　〒 162-0851
　　　　東京都新宿区弁天町 43 番地
　　　　電話 03-3267-6821（代）
　　　　FAX 03-3235-6672

［本書内容に関するお問い合わせ］
書名、該当ページを明記の上、郵送、FAX、または当社ホームページお問い合わせフォームからお送りください。なお回答にはお時間がかかる場合がございます。電話によるお問い合わせはお受けしておりません。また本書内容以外のご質問などにもお答えできませんので、あらかじめご了承ください。本書のご感想についても、弊社 HP フォームよりお寄せください。
［お問い合わせ・ご感想フォーム］
当社ホームページから
https://www.ikedashoten.co.jp/

24032005